鐵路模型

情景

鉄道模型レイアウト
空間づくりのコツとアイデア

空間規劃的訣竅與發想

片木裕一 監修

前言

愛上鐵路模型已約60年，從HO軌的列車製作到N軌的列車之後，又著手製作鐵路模型場景。

這世上沒有完全一樣的鐵路模型場景。就算製作的是相同的列車，每個製作者都有別出心裁的設計，也會以不同的手法製作，所以不會有完全一樣的列車，參加動態鐵路模型展的優點或許就在於，能直接向這些製作者請教設計靈感與製作手法。

我也曾擁有HO軌的鐵路模型場景。當我萌生「要不要讓這個場景變得更豐富一些？」的想法之後，還好動態鐵路模型展的會場有許多值得參考的「範本」，也有很多能請教的「老師」，所以我就在如此得天獨厚的環境下得到許多靈感，本書就是在整理這些靈感之後誕生的，由衷希望本書能幫助各位讀者打造一個更豐富的鐵路模型場景。

之前去了許多動態鐵路模型展，也在那裡打擾了許多鐵路模型俱樂部的成員，我想藉此機會感謝這些成員，願意在現場回答我那些笨到不行的問題。

片木　裕一

CONTENTS

One Point篇

專欄1

組裝式鐵路模型場景的注意事項

您是否一拿到方格紙或打開電腦，就在思考鐵路要怎麼安排，自然風景要怎麼設計，建築物又該擺在哪裡呢？請您稍安勿躁，因為這是組裝式的鐵路模型場景，最好先解決一個個注意事項，再開始配置鐵路。

1 組裝

在動態鐵路模型展組裝鐵路模型場景的時候，可沒有2、3個小時讓你揮霍，而且就算組裝完成，如果銜接得不好，或是電流部分的零件有問題，動態鐵路模型展可就無法開始了。撤收模型的時候也一樣要注意這些問題。

2 收納

組裝式鐵路模型場景與固定式的不同，沒辦法在組裝完成的情況下保存，平常都是在倉庫或壁櫥收納，所以要考慮自己能收納多少組裝式鐵路模型場景。

3 搬運

可以的話，當然是開車搬到動態鐵路模型展的會場，但絕不能堆在後車廂裡，以免在運送途中碰壞自然風景或建築物這些部分。

武庫川鐵路模型俱樂部的鐵路模型場景

基礎編

祕訣No.01　基礎編❶　配置

組裝式鐵路模型場景的鐵路配置要盡可能單純！

①底板基本上會組成「口字型」！
②配置多條環狀線路！

可讓多台列車同時奔馳的「櫻丘鐵路模型俱樂部」場景

固定式鐵路模型場景只有面積上的限制，所以線路可隨意配置，但組裝式鐵路模型場景就必須講究線路的配置方式。**尤其使用的是制式底板時，基本上都會是「口字型」的配置方式。**由於底板呈口字型，所以多配置幾條環狀線路會比較自然。如果不想讓模型的規模過於龐大，當然也可以只配置一條線路，但是想看到一堆列車在軌道上奔馳的模樣，不妨多配置幾條線路吧。

照片裡的場景是以600×910的直線道路底板16塊以及910×910的邊角底板4塊組成，其中配置了多條線路，例如地面線路的是一般鐵路，而高架鐵路則是新幹線，而且連鐵路側線也配置了，所以最多可供七台列車同時運行。沒錯，這個場景就是著眼在「讓列車在軌道上奔馳」這點，所以造景雖然平淡，卻花了不少心思設計新幹線的車站，現實世界不太可能看得到的透明屋簷就是其中之一，這種設計讓我們能看到新幹線列車整齊地停在透明屋簷下的模樣。

point 1

俱樂部場景也可以這樣組裝！

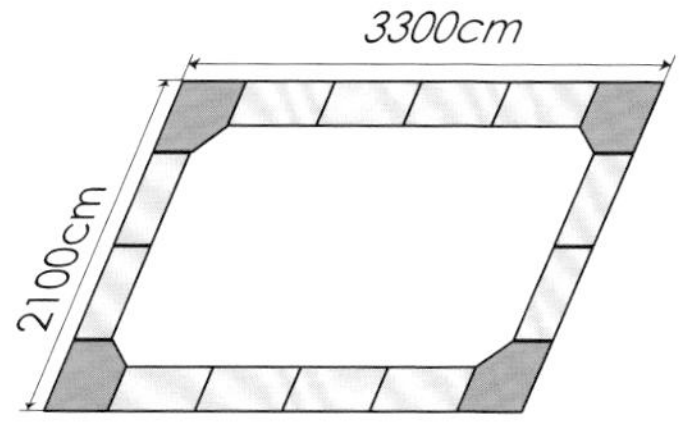

基本的底板配置

這個場景使用的是TOMIX的造景底板A12塊與B4塊組裝，大小大概三坪左右，適合一個人製作與管理。此外，預先設定軌道在底板上的位置，還能與俱樂部的同好來個小比賽，也可以在每塊底板花點心思設計。不妨在高中或大學的鐵路俱樂部舉辦看看。

point 2

在一塊塊底板創造屬於自己的世界！

（照片提供J-TRAK）

由一個人管理的場景通常只有一個整體概念，但如果是由多位製作者在相同規格下一起製作的組裝式場景，就能集思廣益，讓整個場景充滿多個概念。說得極端一點，在雪景旁邊安排盛開的櫻花也是不錯的選擇。

point 3

底板也是很精緻的室內裝潢！

放在鞋櫃上面，就是很棒的室內裝潢了

組裝式的鐵路模型場景必須找地方「收納」，但費盡心思製作的場景，當然不希望擺在不見天日的位置對吧。例如客廳的櫥櫃是很適合展示鐵路模型場景的位置，但如果是大樓或公寓這類客廳不夠大的住宅，「鞋櫃」也是很適合用來展示的位置！

祕訣No.02　基礎篇❷　銜接

組裝式鐵路模型場景的瓶頸 要注意三個方向的誤差！

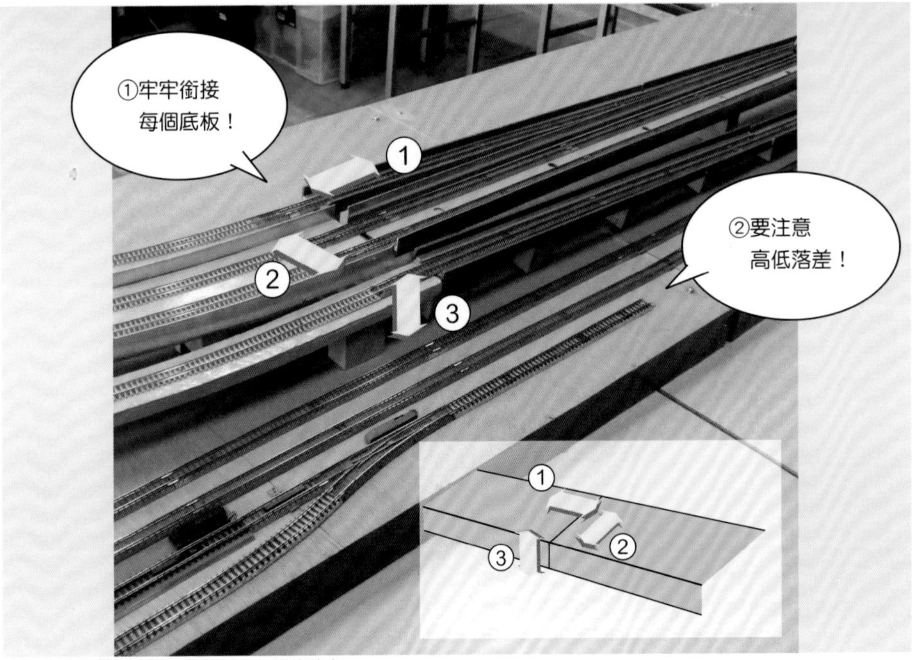
①牢牢銜接
每個底板！
②要注意
高低落差！
1
2
3
1
2
3

底板的接合處承受著來自三個方向的位移力

組裝式鐵路模型場景的最大問題在於各底板的「銜接」。在銜接底板時，如果只固定了軌道的接頭，其他的部分卻沒有固定的話，會發生什麼問題呢？

最可能先出現的問題就是軌道位移，也就是「前後錯位」的意思。組裝場景時，不太可能出現軌道位移的問題，但如果底板銜接得不好，列車行走時所產生的微幅震動，有可能會導致軌道的間隙變寬；調整其他位置的底板時，也有可能導致軌道位移；撞到人或東西，當然更容易產生位移。如果問題只是列車突然停止運行或脫軌，那還沒什麼關係，最怕的是列車整個翻出軌道，或是直接從桌子上掉落。此外，鄰接的底板有可能出現左右的位移，或者因為高度有些微的落差而出現上下的位移。

不管是哪種「誤差」，都會對銜接的軌道造成負擔，模型也會無法順利運作。進一步地說，還會縮短場景的壽命。

point 1

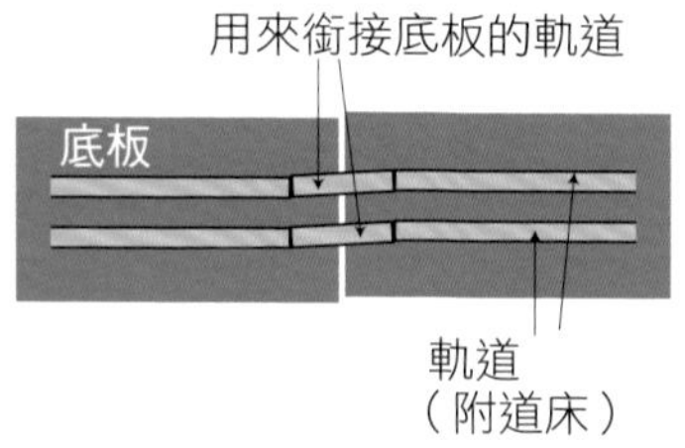
用來銜接底板的軌道
底板
軌道
（附道床）

接頭承受的左右位移力

要注意讓接頭承受多餘壓力的「左右位移」！

左右位移與前後位移一樣，不會在組裝底板的時候發生，但不小心撞到人或東西，或是在調整其他位置的底板時，就有可能會發生。一旦發生位移，當下就會對底板的接合處與軌道的接頭造成多餘的壓力。如果列車在跑的時候，覺得「奇怪，接合處的聲音怎麼變大了」，就代表需要檢查一下了。

point 2

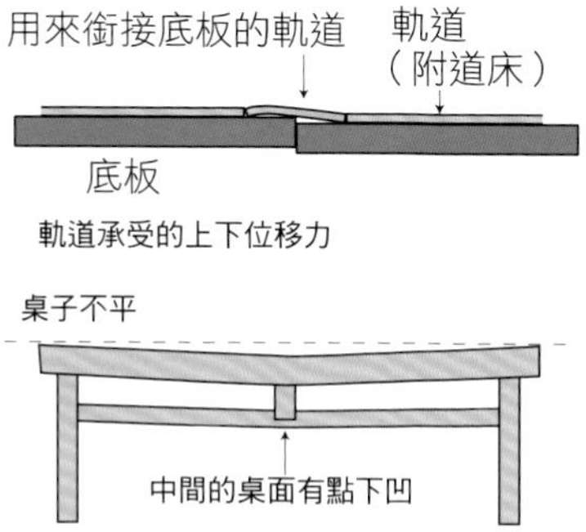
用來銜接底板的軌道
軌道
（附道床）
底板
軌道承受的上下位移力
桌子不平
中間的桌面有點下凹

上下位移通常與桌子變形有關

要注意造成軌道損傷的「上下位移」！

上下位移通常是因為承載底板的桌子不平或變形所引起，所以通常會在組裝場景的時候發生。在連接軌道時，很難從正上方看出上下位移的問題，但實際上已變成左圖的樣子，此時不僅會對接合處造成壓力，連軌道本身都會因此受損。

point 3

桌子是會變形的！

鐵路模型場景常常擺在公共設施（例如市民活動中心這類地方）的會議室、研究室，而不管這類設施的桌子有多麼新，中央的桌面常比桌腳兩側的桌面來得凹，此時若直接將鐵路模型場景擺在桌子上，就很容易出現上下位移的問題。建議大家準備一些調整高度的厚紙板，稍微墊高中央的部分。

point 4

對鐵路模型場景來說微幅震動就是地震！

對N軌的鐵路模型場景來說，你是身高250公尺、體重20萬噸的巨無霸怪獸，所以千萬別在旁邊跑來跑去，也記得要把窗戶關好。我們覺得很舒服的微風，對模型來說是颶風。有時的確會為了調整場景會移動桌子或底板，但在列車奔馳時移動，絕對是「不合常理」的舉動。

利用「魚尾板」牢牢固定軌道避免出現左右與上下的位移！

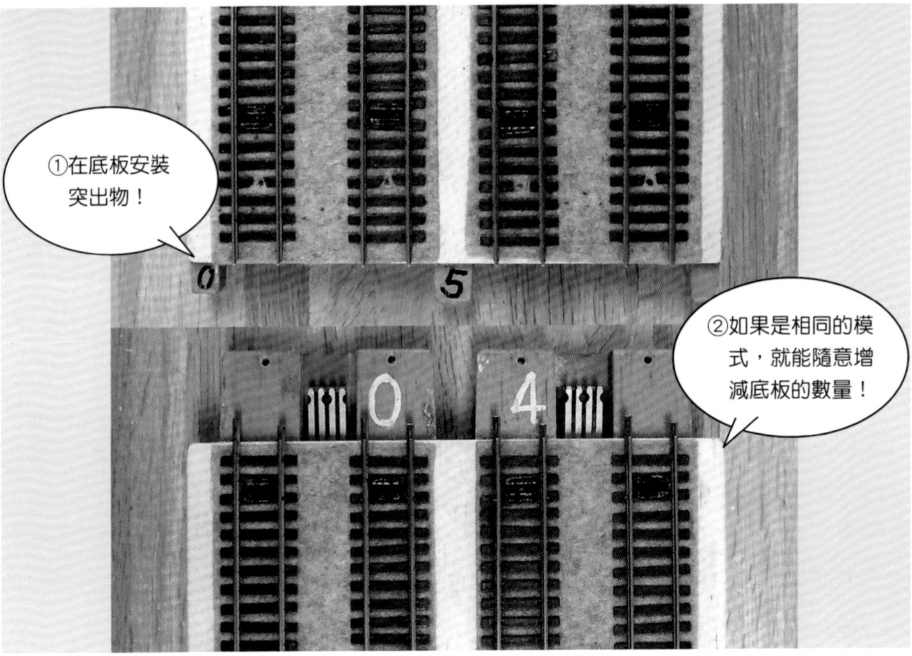
①在底板安裝突出物！
②如果是相同的模式，就能隨意增減底板的數量！

這是在底板的銜接面安裝魚尾板的名古屋模型鐵路俱樂部（NMRC）的底板

在兩邊準備接合的底板加裝照片裡突出的魚尾板。雖然兩邊底板的魚尾板必須要緊緊地銜接在一起，但也不能不留半點空隙。想必大家都知道，只要這部分夠牢靠，就不會發生左右與上下的位移了。

魚尾板「沒有非得這種形狀不可」的規則。底板的大小與高度都需要不同的魚尾板，只要底板的大小相同，魚尾板的形狀與凹凸的方向一致，就能隨意配置底板。能任意調整用來銜接的底板的數量，也就能隨意縮放場景的大小，小至邊角底板與邊角底板之間只有一塊直線道路底板，面積不過兩坪多大小的場景；大至一邊是由幾十塊底板連接而成，必須一座巨大的體育館才能擺得下的場景。

反觀，銜接面的形狀不一樣時，也有誰來組裝都不會裝錯的好處。

此外，就算底板的銜接面的寬度不同，只要預先設計組裝的部分就不會有問題。

point 1

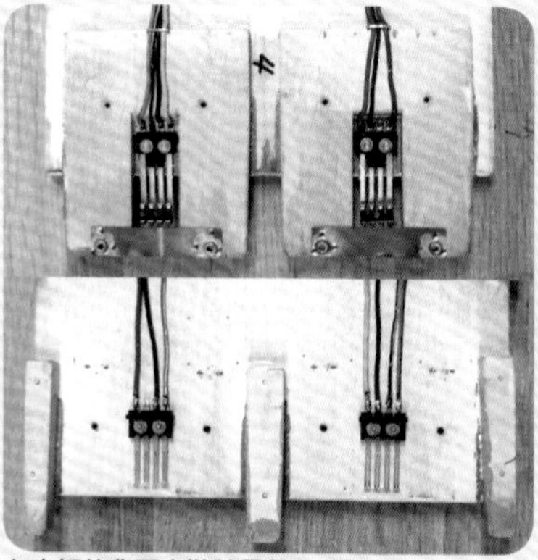
在底板的背面安裝饋電盤的接點

除了魚尾板，再加裝電極！

假設讓軌道通電時，只有一處安裝了饋電盤，之後全靠線路的接頭處理，列車可能無法在這種組裝式鐵路模型場景順利運行。最理想的做法是在所有的底板安裝饋電盤，各底板也要安裝饋電盤的電線，底板之間也要安裝接點。圖中的底板在魚尾板之間設置了接點。

point 2

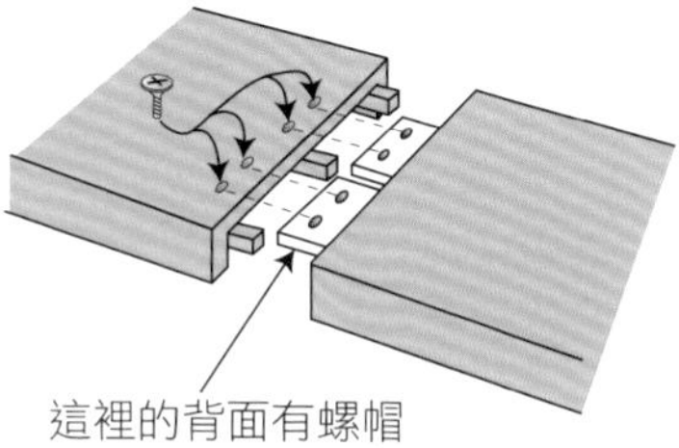
這裡的背面有螺帽
安裝魚尾板的螺帽，再以螺絲固定

利用螺絲固定避免所有可能發生的位移！

請大家仔細看魚尾板公頭的部分，前端的部分有洞，而這個洞的背面有螺帽。接著再仔細觀察一下魚尾板母頭的部分，可以發現第四個枕木的中間部分有洞。是的，這是為了在組裝完成後，利用螺絲固定這個部分，如此一來，兩塊底板就能牢牢地銜接，避免所有可能發生的位移。

point 3

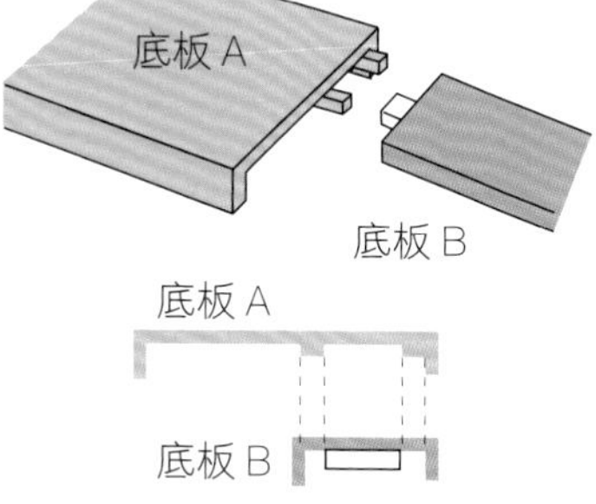
寬度不同的底板也沒問題
底板 A
底板 B
底板 A
底板 B
寬度不同的底板也能固定

寬度不同的底板也能銜接！

雖然魚尾板不需要裝滿整個底板的寬度，但如果是銜接面的大小一致的底板，裝滿會比較容易固定。話說回來，銜接面的大小若是不一致，又該怎麼處理呢？當然是要配合銜接面較小的底板使用魚尾板，這種方式其實沒那麼麻煩。

祕訣No.04　基礎編❹　銜　接

在底板安裝卯榫 避免發生左右與上下的位移！

②榫頭需依照底板
調整大小！
①預留榫頭與榫孔
的位置！

在底板銜接面安裝榫頭的範例

卯榫的原理與魚尾板一樣，但如果手邊的是市售的底板，要利用魚尾板固定就得大費周章。能縮小突出部分，讓固定的步驟變得更精簡的方法，就是接下來要介紹的「卯榫接合方式」。

具體來說，就是先在準備銜接的底板的銜接面安裝榫孔，再於另一塊底板安裝榫頭。另一邊只需要安裝榫孔。榫頭大概1公分就夠長了。以這種卯榫接合方式銜接底板時，榫頭可避免底板出現左右、上下的位移。總之只需要設置兩處榫頭（只有一處的話，無法避免「扭曲」的問題發生）就夠了，就算兩塊底板的寬度與高度不一致，只要預留榫頭與榫孔，就能避免位移的情況發生。

更棒的是，這種方式的突出部分較小，很方便收納與搬運。唯一要注意的是，這種方式的強度比魚尾板還弱，所以必須根據底板的大小決定榫頭的大小。照片裡的底板為HO軌，所以榫頭是以略大的邊角料製作。

point 1

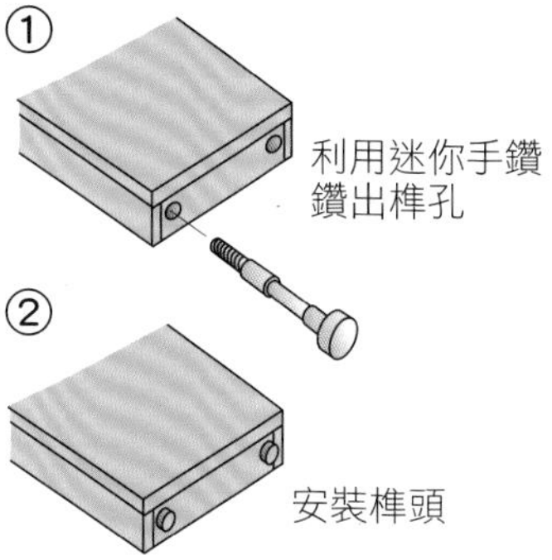
①
利用迷你手鑽
鑽出榫孔
②
安裝榫頭

安裝榫頭的步驟其實超簡單

製作榫孔！

市售品的底板是四邊都有腳。要拆掉這些腳有點麻煩，底板的強度也會因此下降，所以要在腳的部分設置榫孔時，可利用迷你手鑽鑽出榫孔，再以圓形銼刀修整形狀。總之榫頭大概介於數公釐至1公分之間就夠大了，相對來說，鑽孔的步驟也沒那麼麻煩，接著在另一邊安裝榫頭就完成了。

point 2

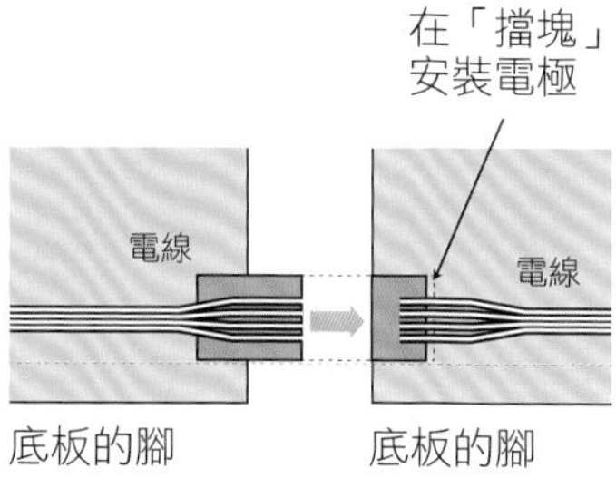
在「擋塊」
安裝電極
電線
電線
底板的腳
底板的腳

在榫頭安裝饋電盤的接點

在榫頭安裝電極！

榫頭是凸出的構造，榫孔是凹入的構造，所以會在這裡安裝電極，供給饋電盤與造景電力是再理所當然不過的事。先在榫孔安裝「擋塊」，接著安裝凸電極。榫頭則可利用塑膠板做成包住凹電極的形狀。唯一要注意的是，在搬運的時候，不要傷到這個榫頭。

point 3

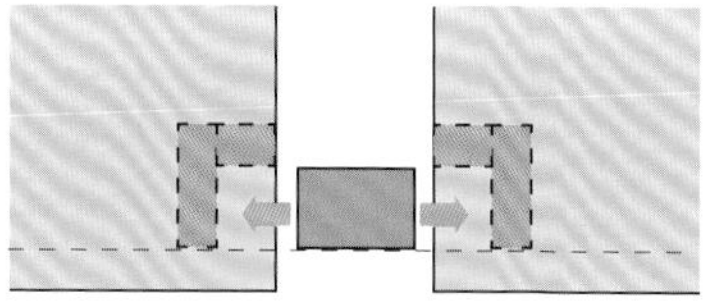

可拆卸式的榫頭方便搬運與收納

將榫頭設計成可拆卸式構造！

榫頭是從銜接面突出的構造，所以有可能會在收納或搬運的時候撞壞，此時不妨採用在兩塊底板的榫孔安裝「擋塊」，讓榫頭插入兩邊榫孔的「可拆卸式構造」，如此就能連突起部分都拆下來。究極的設計是「裝有電極的可拆卸榫頭」，但這種構造得花不少時間製作。

安裝「定位銷」避免前後位移的問題！

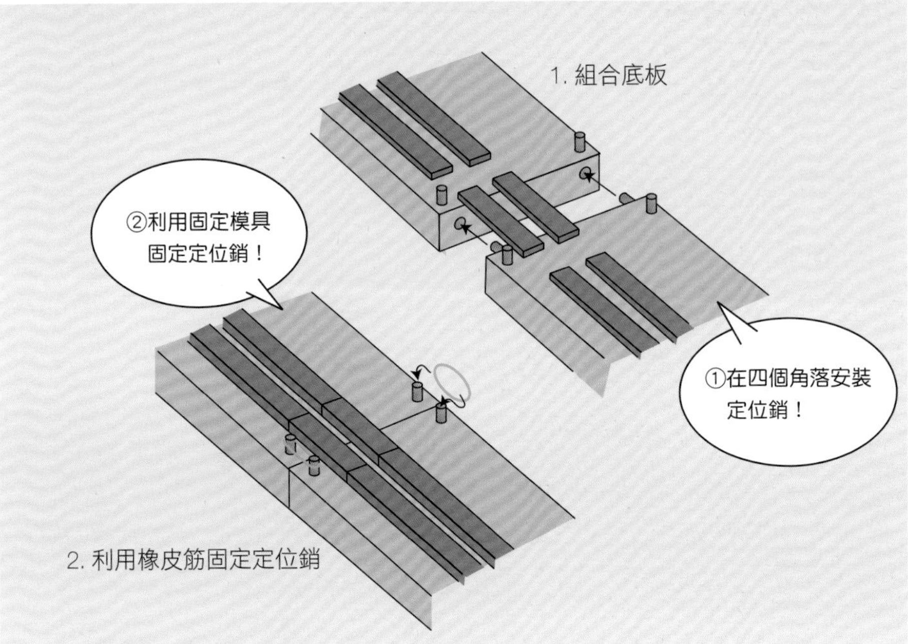
1. 組合底板
②利用固定模具固定定位銷！
①在四個角落安裝定位銷！
2. 利用橡皮筋固定定位銷

在底板安裝定位銷，固定底板的銜接處

到目前為止，介紹了「避免左右上下位移」的方法，而這節則要介紹避免底板「前後位移」的方法。**不管避免左右、上下位移的方式是魚尾板還是卯榫，都可使用這種「定位銷方式」固定。**這種方式非常單純，只是在兩塊底板的四個角落安裝高1公分、直徑數公釐的定位銷，再以固定模具或橡皮圈固定這兩塊底板的定位銷，就能避免底板產生前後鬆脫的位移。

要注意的是，定位銷的位置也會影響收納與搬運的方便性，所以不能隨便安裝，安裝的細節就留待後面講解。

雖然這個方法很簡單，成本也很低，但如果不利用後面加裝的建築或山丘蓋住定位銷、固定模具與橡皮筋，定位銷在鐵路模型場景裡就會顯得突兀，而且這種方法說到底只是利用小型的定位銷、固定模具與橡皮筋固定，強度還是不太足夠，所以底板若是太大塊，就不適合使用這種方法固定。此外，這種方法雖然可在拼接的底板為不同形狀的時候使用，但有時還是不利於收納與搬運。

point 1

用建築物蓋住定位銷！

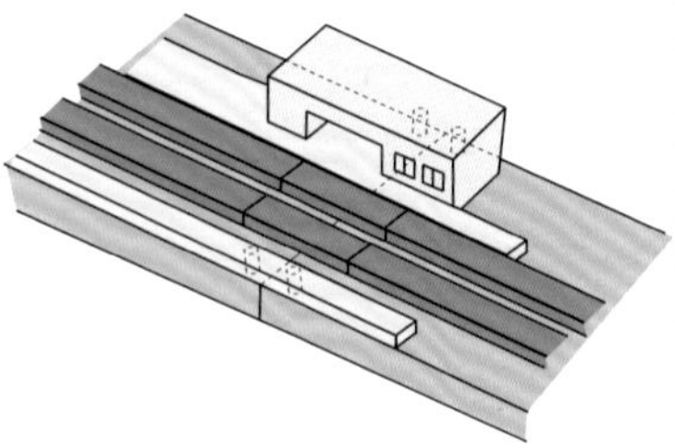

定位銷與定位銷之間的部分就是底板的接合處，所以可利用銜接這兩塊底板的建築蓋住定位銷。為此，就必須事先規劃建築物的位置。除了建築物之外，也可以利用行道樹遮住，反正鐵路模型場景本來就是一種「都市計畫」不是嗎？

用建築物或其他東西蓋住定位銷

point 2

將定位銷安裝在方便收納與搬運的位置

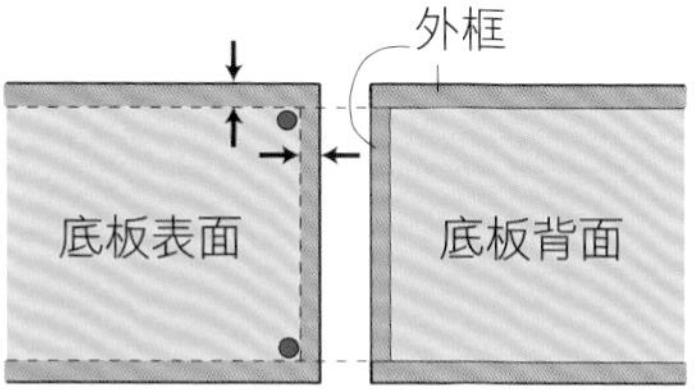
外框
底板表面
底板背面
將外框的內側安裝定位銷

定位銷的首要任務是固定拼接的底板，但如果安裝在圖中的位置，就能讓底板完全重疊，很適合搬運，也能收進壁櫥裡。不過，這麼做也有其不方便之處，那就是定位銷的外側會疊放底板的外框（腳），所以沒辦法在這裡設置造景。

定位銷方式也有不便之處

point 3

將定位銷安裝在建築物這一側

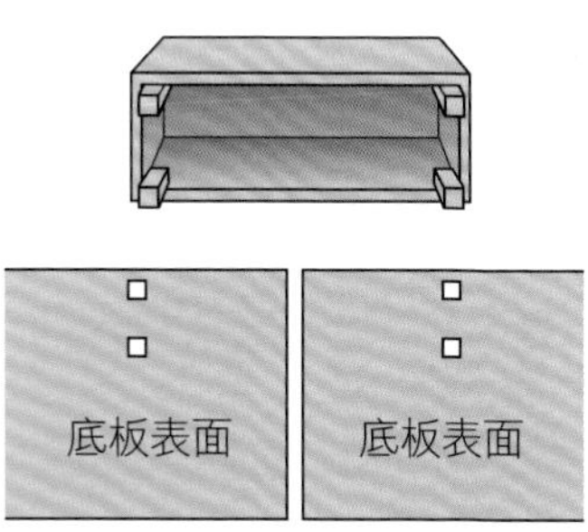
底板表面
底板表面

基於上述的問題，可逆其道而行，將定位銷安裝在建築物上，然後在底板鑽出安裝定位銷的孔。只要統一底板的大小，安裝孔的位置也一致，就能隨意增減底板的數量，也能依照展示會場的面積縮放鐵路模型場景的規模。

在建築物安裝定位銷，在底板鑽出安裝孔

祕訣No.06　基礎篇❻　銜接

利用螺絲牢牢固定底板避免前後位移的問題！

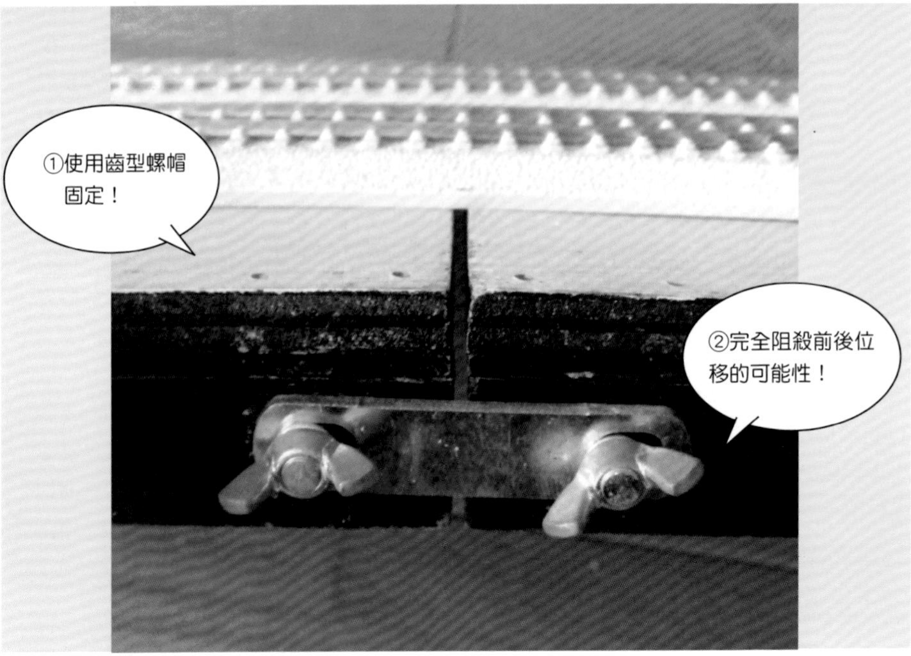
①使用齒型螺帽固定！
②完全阻殺前後位移的可能性！

在底板安裝螺絲與連接板，牢牢固定底板

不管是用什麼方式防止左右、上下的位移，都能採用這種方式。這種方式不是在鐵路模型場景的表面加工，而是在底板的側面，接近外框銜接部分的位置打洞，再以銜接底板的連接板與螺絲固定，**藉此避免底板產生前後位移**。此外，為了固定螺絲，要在外框內側安裝「齒型螺帽」。

這種方式的優點在於，是在底板側面安裝固定設備，而不是底板的表面，所以不會出現定位銷方式那種無法在場景表面配置造景的問題。

打孔的位置是由底板側面外框的高度、連接板兩側螺絲孔之間的距離，或是螺絲直徑與螺絲頭大小決定，不過螺絲的直徑只要是5公釐左右就不會有什麼問題。

至於用來配對的齒型螺帽，底座（包含齒型構造）的直徑都接近2公分，所以外框內側需要有超過2公分的空間，才能順利安裝。外框的空間其實就是外框的高度，市售底板的高度應該都是足夠的。

point 1

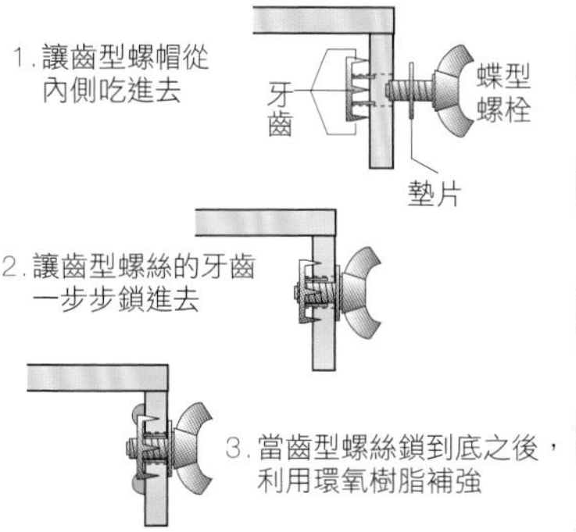
1. 讓齒型螺帽從
內側吃進去
牙齒
蝶型
螺栓
墊片
2. 讓齒型螺絲的牙齒
一步步鎖進去
3. 當齒型螺絲鎖到底之後，
利用環氧樹脂補強

慢慢鎖死齒型螺絲

安裝齒型螺帽

雖然齒型螺帽的「齒型構造」可以鎖得很深，但不能用鉗子或鐵槌敲進去，要從另一面鎖緊螺絲，讓齒型螺帽整個吃進去。如果怕外框受損，可在先墊一個華司（墊片），再使用相對容易鎖緊的「蝶型螺栓」，然後慢慢地鎖緊，到另一面的螺帽跟著鎖死為止。最後若能加一層環氧樹脂固定，就萬無一失了。

point 2

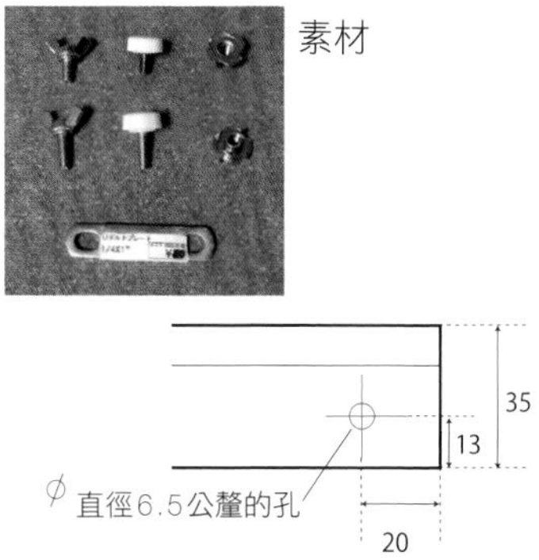
素材
35
13
φ 直徑6.5公釐的孔
20

於側面固定螺絲的範例

具體範例1

素材是連接板（商品名稱U型螺絲夾連接板、1/4×1"）、蝶型螺栓（直徑5公釐、長度10公釐或15公釐）。這兩種素材都可在生活百貨這類商店便宜購入。如果想要看起來時髦一點，可以改用白色或黑色的螺絲頭。

point 3

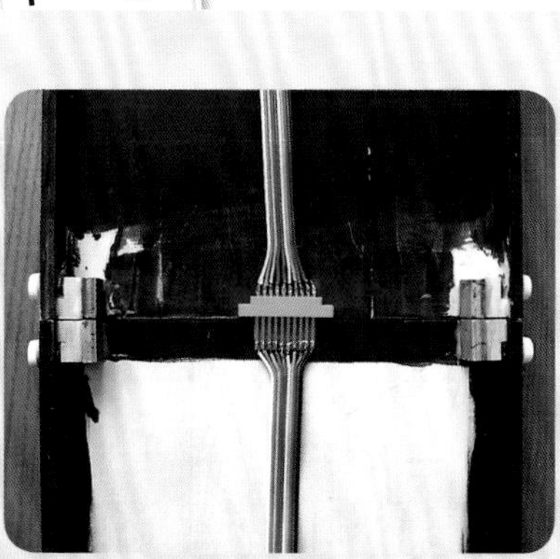

搭配卯榫接合方式的範例

具體範例2

圖中是自製的底板，採用的是卯榫固定與側面螺絲固定的方法，饋電盤的電線也接好了。前面雖然介紹了在「榫頭安裝電極」這種非常適合於組裝之際使用的方法，但這個範例未在榫頭安裝電極，而是將接線的部分設置在底板下方。用於銜接的零件則是在秋葉原低價購入。

秘訣No.07　基礎篇❼　收納

依照收納空間設計保管與搬運的方法！

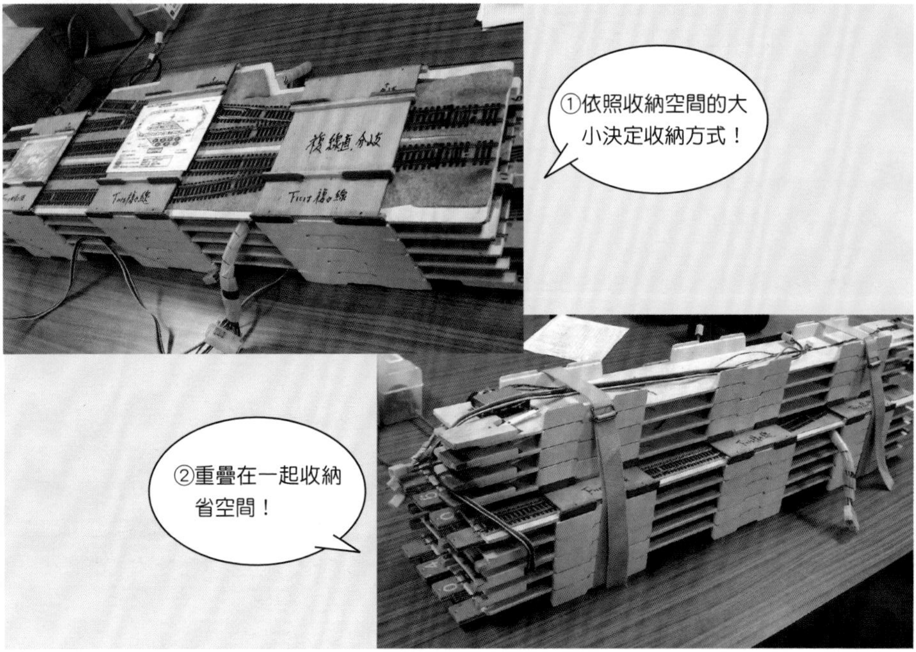
①依照收納空間的大小決定收納方式！
②重疊在一起收納省空間！

圖中是捆在一起，節省收納空間的名古屋模型鐵路俱樂部（NMRC）的底板

前面已經提過，組裝式鐵路模型場景的重點在於「組裝、收納、搬運」這三點，之前也介紹了不少組裝的重點，接下來要為大家介紹與收納、搬運相關的幾項重點。

大家平常都把鐵路模型場景收在哪裡？又是怎麼收納的呢？應該大部分的人都是收在倉庫吧？不過住在都市的人大多都是住公寓（大樓），所以很可能都是把鐵路模型場景收納在壁櫥裡，但大樓的壁櫥通常只有0.5坪大小，換言之，深度只有80公分左右，因此要想有效率地收納鐵路模型場景，**「底板的長度最好不超過80公分，而且能疊在一起，直直地放進壁櫥」的方式最為理想**。這麼一來，TOMIX或KATO的300～600公釐的底板會是最理想的選擇。假設要組裝的是HO軌，又以長度為250公釐的ENDO軌道（附道床）為標準的話，可自行製作長度750公釐的底板，如果使用每條長度為246公釐的KATO軌道（附道床），則可自製長度為738公釐的底板。

point 1

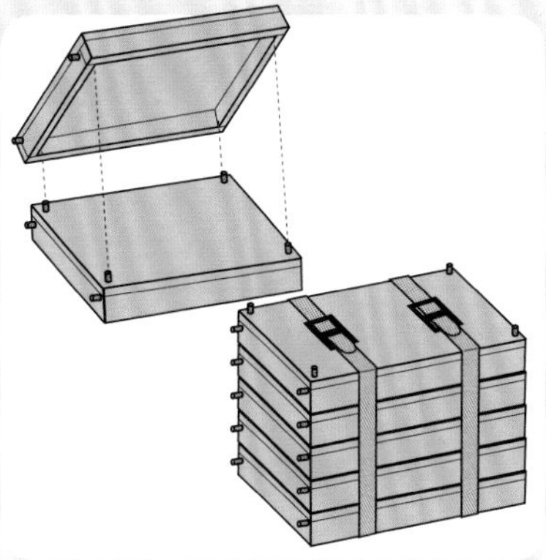

定位銷方式也能收得很輕巧

整齊重疊再綁好！

前面提過，在底板的外框安裝定位銷之後，可將底板疊在一起，方便搬運與保管。具體來說，就是疊成左圖的狀態，再以束帶綁緊，如果能在以車輛搬運時，利用毛巾或緩衝包材包住，那就更萬無一失了。

point 2

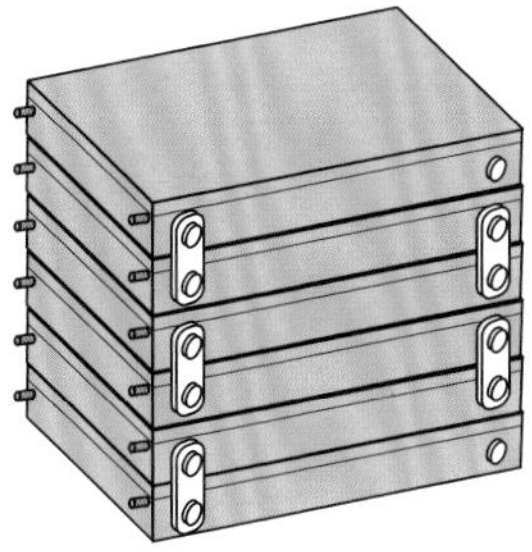

側面螺絲方式也能收得很輕便

重疊後，利用側面螺絲固定！

前一節介紹了以連接板與螺絲銜接底板的方法，但其實這種「在側面安裝螺絲」的手法，也很適合於搬運或保管的時候應用，因為能利用側面的螺絲固定重疊的底板。更棒的是，這不僅能固定底板，還能直接將容易弄丟的連接板與螺絲直接鎖在底板上，避免這些小零件不見。

point 3

側面螺絲方式的小優點

不起眼的優點「間隙」

重疊收納底板時，側面螺絲固定方式比定位銷固定方式或束帶固定方式多一個優點，那就是若依前一節的「具體範例」的規格製作，重疊的底板之間會留有一定程度的「間隙」，所以外框的部分也能設置平坦的造景（例如田地或雜草）。

外框的螺絲孔可固定底板也方便保管與搬運底板！

①利用螺絲孔組裝成
金屬收納架的樣子！
②這部分的空間
可用來存放素材！

利用側面的螺絲組裝成收納架外形的底板

前面提過，在側面加裝螺絲的方式是在底板側面的外框部分鑽孔，利用這些螺絲孔固定重疊的底板，也能同時保管連接板或螺絲這類小零件。由於重疊的底板之間還能因此留點空隙，所以可設置平坦的造景，但太過立體的造景還是不行。

但其實就算是立體的造景，還是能使用側面螺絲收納底板，方法請參考標題底下的照片。主要就是利用側面螺絲孔與角鋼，將底板固定成金屬收納架的樣子。如此一來，底板之間就有一定的空隙，也不用擔心重疊底板的時候壓壞造景。從照片可以發現，這次也使用了略長的角鋼，拉開某層底板之間的間隙，而這個較大的間隙就被當成「素材保管區」使用。

要注意的是，這個「金屬收納架」只固定四個角落，所以整個外觀很容易扭曲成平行四邊形，建議以對角線的方式固定，會更牢靠，也方便收納。這個做好的「金屬收納架」若以毛毯或緩衝包材包好，也能直接放在車子裡載運，但當然還是要視這個金屬收納架的大小決定載運方式。

point 1

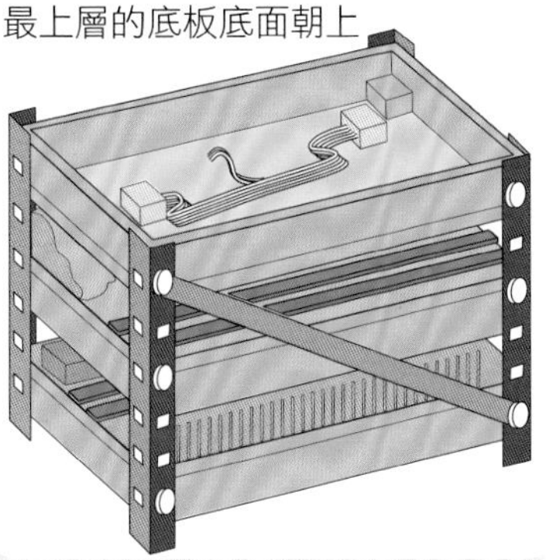

利用側面的螺絲組裝成金屬收納架的模樣

基本的樣式請見左圖！

「金屬收納架」的柱子或「對角線固定」的連接板都能在DIY商店之類的地方買到。大家應該都知道利用螺絲固定各底板的時候，必須預留一些足以放置造景的間隙，但可別忘了讓最上層的底板翻過來放，否則「金屬收納架」的最上層可就沒辦法放東西了。

point 2

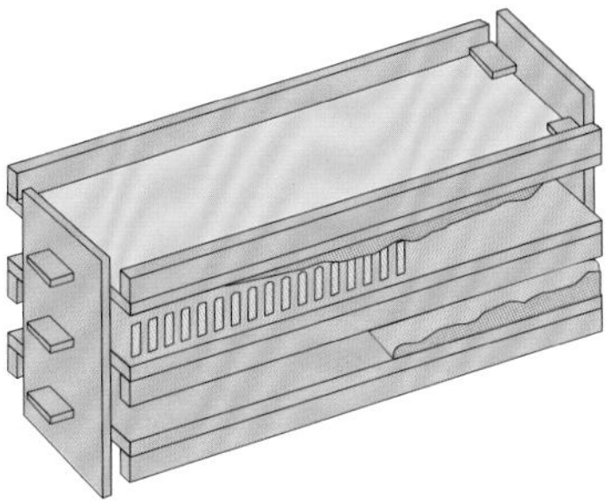

固定板方式的底板也能組成收納架的樣子

也可以嘗試固定板的方式固定！

如果手邊有固定板或榫頭，就能試著以定位銷這種不需要在外框鑽孔的方式，將底板收納得更不占空間。把底板疊成像組裝式的木頭書架，再準備要卡住固定板的側板，就能完成「組裝」。記得最上層的底板一樣要翻過來，以「卯榫接合方式」固定時也一樣要注意這點。

point 3

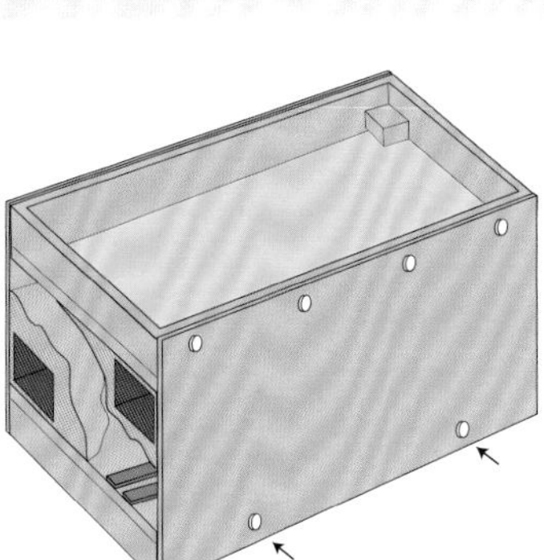

大型底板可組成箱子的模樣

巨大的底板可疊成箱子的模樣！

如果底板上面裝了許多高山或溪谷的造景，或者是會點燈的建築物，整個鐵路模型場景的規模就很難縮小，也必須讓造景黏得更加穩固不可。如果打算製作很多塊規模如此大的底板，就必須事先規劃搬運與保管的方法，就算不能全部重疊在一起，也可以試著將兩塊底板組成箱子的模樣。

安裝供電的電線時也要同時擬定鐵路配置計畫！

利用多芯電纜接頭供電的高槻N軌俱樂部的場景

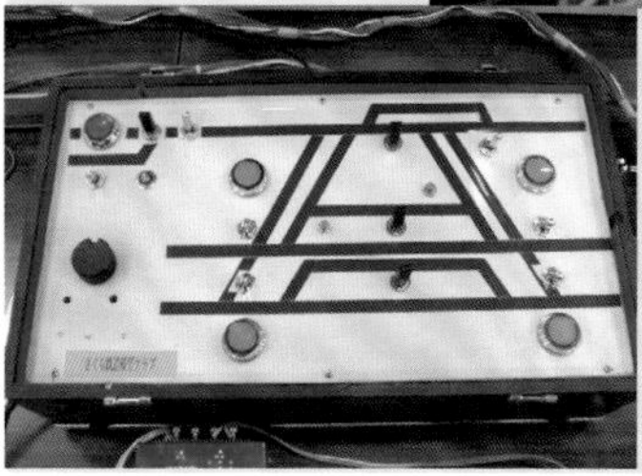

櫻丘鐵路模型俱樂部的站內面板

鐵路模型的車輛是以兩條鐵軌供電與驅動馬達，才能在鐵軌上奔馳，所以必須讓電力輸出至車輛奔馳的位置，而且這兩條鐵軌不能交錯。輸出至軌道的電流主要是利用電源供應器（PowrPack）將家用電源降至12伏特的直流電，這部分還算是簡單的步驟。如果只配置一條環狀鐵路那當然很簡單，但常見的鐵路模型場景都會配置車站、調車場，也會設置支線，所以電流的配線也相對複雜與麻煩。

另外，電動轉轍器需要電力才能驅動，底板上的造景也一樣需要電力，所以在擬定這些電力的配線時，記得順便規劃鐵路配置計畫與都市計畫。將電線集中在底板的背面，再以多芯電纜與供給電力的電源供應器連接，就能快速組裝與拆解鐵路模型場景。

此外，也可為鐵路模型場景製作一個控制盒，充作操控面板使用。能控制所有鐵路的控制盒當然最是理想，但如果主線只是單純的環狀線路，就只需要在岔軌較多的車站內部製作即可。

point 1

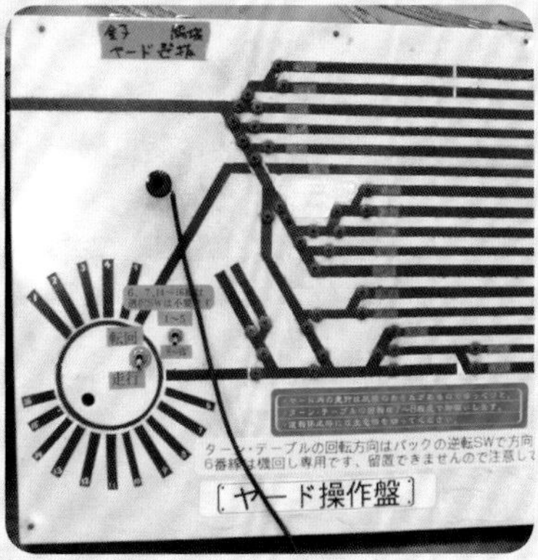

櫻丘鐵路模型俱樂部的調車場面板

調車場通常會獨立管理

車輛的「調車場」通常會以自外於主線的控制面板驅動。如果是只有幾條路線的柳形調車場，的確不需要另設控制面板，但調車場畢竟是車輛的基地，與主線分開，在車站內部驅動也是選擇之一。如果是轉車台或貨車的調車場，則必須設置一個獨立於主線的控制系統。

point 2

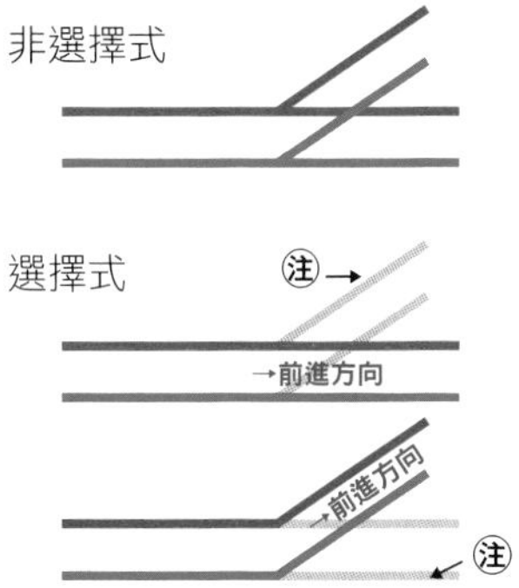

「選擇式」與「非選擇式」的差異是？

了解電動轉轍器的構造！

電動轉轍器不僅用來切換軌道的前進方向，也與電流的方向有關。電力只流經前進方向的電動轉轍器稱為「選擇式轉轍器」，電力與前進方向無關的轉轍器稱為「非選擇式轉轍器」。由於車站內的待避線或調車場只容許車輛沿著轉轍器設定的方向前進，所以通常會採用「選擇式轉轍器」。（㊟的部分是製造商設定的電流方向）

point 3

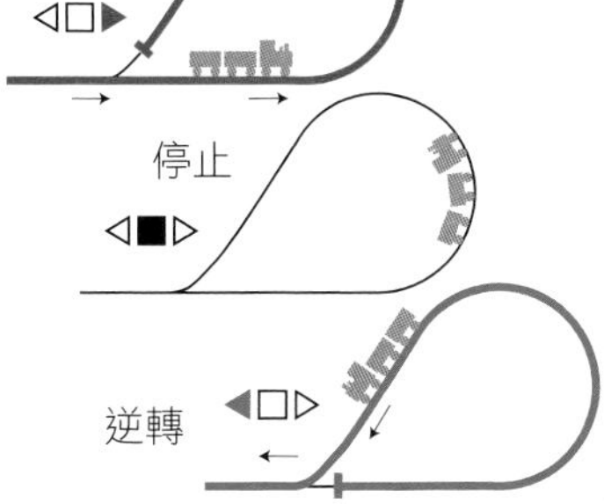

前進方向反轉的逆向迴圈線路

很難逆向

從主線分流，最後再於主線會合，前進方向跟著反轉的「逆向迴圈線路」是能讓列車輕鬆切換方向的線路，但在切換轉轍器的瞬間，逆轉線路的電極（＋－）會出現極性倒轉的現象，列車也會倒著跑。雖然有同時切換轉轍器與電極的開關，但基本的解決流程是「列車進入逆轉線路後，先讓列車停下來，切換轉轍器，讓開關逆轉」。

在某間幼兒園舉辦的櫻丘鐵路模型俱樂部的模型展

專欄2

地面是基礎，企劃要細心又大膽

決定收納地點、搬運方式，底板大小、整體規劃、接線方式、電力配線後，總算可以動手製作底板。底板通常是共用的規格，所以線路一般會配置成較單純的橢圓形。或許大家會覺得這種配置有點無聊，不過組裝式鐵路模型場景的優點在於可為每個底板的設計升級，也能抽換底板與追加新的底板，所以不會有「一旦開始，後續就無法更改」的問題。底板與線路配置完成後的步驟如下。

1 縮小製作範圍

在執行企劃時，必須讓自己想像的場景縮減至可行規模。

2 觀察實物

除了觀察實物，還要思考實物與鐵路模型場景的平衡。

3 挑選素材

大部分的鐵路模型場景素材都是市售的，所以一開始就決定要用哪些素材會有點風險，建議先看一些模型雜誌或是收集一些KATO或TOMIX的型錄再決定。

4 參加動態鐵路模型展

最實際的做法就是去參加全國各地舉辦的動態鐵路模型展，從專家的作品汲取經驗。參加大型展覽固然不錯，但市民活動中心或學校舉辦的小型展覽也可以學到不少東西。建議大家聯絡一些相關的俱樂部，但記得適可而止喲。

地面、線路篇

秘訣No.10　地面、線路篇❶　風景

觀察身邊的一景一物
營造具體而細膩的印象

充滿昭和30年代民營鐵路風情的NMRC井上大令先生的鐵路模型場景

打造鐵路模型場景的時候，第一步要先決定「該情景的印象」，到底要打造的是大都會風景還是田園風情？山谷或海邊這類現代風景或是復古風的風景？外國的鐵路當然也可以納入考慮。最重要的第一步莫過於觀察身邊的鐵路以及周圍的風景，遇到風景千萬不要只是漫無目的地欣賞，而是要記錄下來，日後要營造鐵路模型場景的印象時，就能派上用場。

此外，請「別人幫忙」也是非常實際的做法，這裡說的請別人幫忙是傳授技術與知識。模型雜誌或電視節目雖然也會介紹一些相關的技術與知識，但到現場欣賞作品以及請教作者，才是吸收技術與知識的捷徑。每一年，日本關東地區都會舉辦鐵路模型競賽和池袋鐵路模型藝術祭，關西地區也會有HO、N的聯合運行會，靜岡地區也會於5月在GRANSHOP靜岡舉辦運行會。這些活動模型雜誌都會介紹。如果有看到喜歡的場景，只要說句：「不好意思，我有些問題想向製作者請教。」大部分的作者應該都會很樂意為你介紹。也可以參加當地的模型俱樂部。

point 1

台灣的地方鐵路——十分車站前面的風景

想像整體的規模！

假設列車的實際長度為20公尺，換算成HO軌會是25公分的長度，N軌則是略短的13公分，假設是10輛車廂編成的列車，縮小成N軌也有1公尺30公分這麼長。此外，我也發現圖中的道路比想像中寬，建築物的規模也挺大，若打造成鐵路模型場景，規模想必不小，讓我們想想該怎麼把如此大規模的景色縮小成模型大小吧。

point 2

這麼大的彎道？若放大成實物的規模，就是超急的彎道

有時候可以採用變形的手法！

雖然模型就是縮小之後的實物，但有時候可大膽一點，讓模型稍微變形。最具代表的例子就是「彎道的半徑」。「普通鐵路構造規格」規定，主線的彎道半徑至少要有160公尺，若縮小成HO軌，彎道的直徑會縮小至2公尺，N軌則是1公尺多，但鐵路模型場景不可能使用這麼長的直徑，所以通常都會縮小成三分之一左右的「急彎」。

point 3

智慧型手機很方便

觀察實物的最佳方式就是「拍成照片」。若在十年前，就是用傻瓜相機或手機拍，但現在當然是使用智慧型手機拍，而且隨時都能拍出高畫質的照片。若遇到有趣的建築物或風景，記得立刻拿出智慧型手機拍個一張。不過通常會有路人走來走去，所以千萬記得迴避一下，別拍到別人的臉囉！

point 4

時時寫備忘！

筆記本是非常實用的工具之一，建議大家隨身帶一本筆記本，才能隨筆記下目標物給人的感覺、顏色、素材與規格，若能搭配前述的相機記錄，記錄將更加完整。不過大部分的社區都有人住，一直在社區裡閒晃，難免會讓居民覺得你很可疑，甚至有可能會因此請警察來，所以千萬別一直在同一個地區閒逛（筆者就曾遇到這類事情）。

打造起伏的地面
營造自然的田園風景！

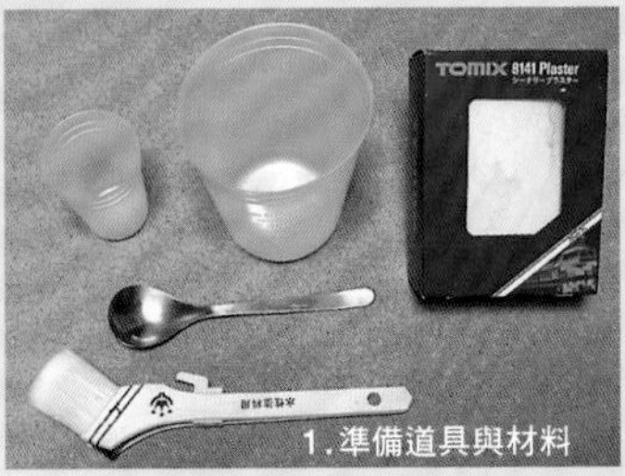
1.準備道具與材料

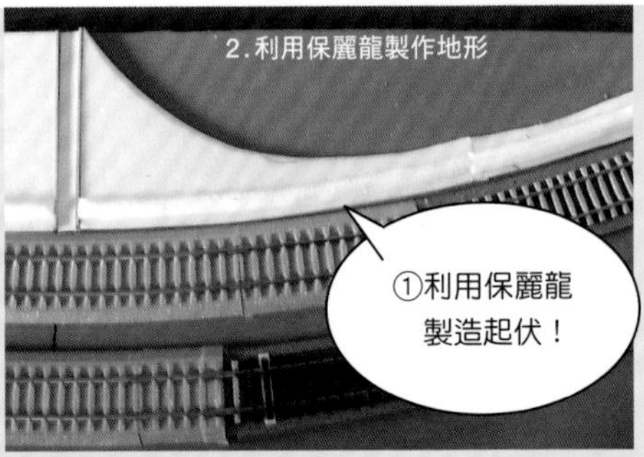

2.利用保麗龍製作地形

3.攪拌石膏

4.塗抹石膏

如果打造的是都會風情的鐵路模型場景，地面通常是平坦的，但田園風景的地面不太可能是「平坦」的，通常會有點起伏，而且還會長一些樹木或草原，有時甚至會有田地、雜草或水窪。

所以就讓我們為地面創造「起伏」吧。這些地面的起伏也不是全由紙黏土或石膏製作。第一步要先製作底座，接著再於底座上面塗抹紙黏土或石膏。可用來製作底座的素材有很多，但從輕量化、方便加工這兩點來看，保麗龍會是最佳選擇。保麗龍板可於DIY商店購買，尤其建議購買材質較硬的保麗龍。

接著要替保麗龍塑形，貼在場景裡，當成底座使用。保麗龍可利用木工白膠黏在場景裡。橡膠接著劑、強力劑、含酒精的黏著劑都會讓保麗龍融化，所以不建議使用。

保麗龍黏好後，可視整體的造景需求以美工刀修整形狀，再於表面塗上石膏。攪拌均勻的石膏大概要過30分鐘才會凝固，在完全凝固之前，請以毛刷拍打出起伏。

point 1

將石膏粉倒入容器的水裡

石膏的攪拌技巧

原則上要先倒水。先在容器盛一半的水，再緩緩倒入石膏，直到超出水面為止。假設容器不大，可利用湯匙攪拌，或者用手慢慢攪拌，以免「結塊」。如果用手攪拌，記得先戴一層塑膠手套。要注意的是，不要一次倒太多石膏粉，以免因為發熱而快速凝固。

point 2

預留架線柱的設置位置

有計畫地打造地面！

在打造地面時，必須先想好「要在哪裡配置什麼」這個問題，例如範例要配置的是「架線柱」，就必須先想好架線柱的腳要放在哪裡。雖然在石膏凝固之後也可施工，但會多好幾道步驟，所以記得不要用石膏填滿「施工預定地」。

point 3

塗抹也有一定的步驟！

石膏必須均勻塗抹，這點也同樣適用於紙黏土或車輛的補土，理由當然是要避免出現裂痕，不過如果是收成後的稻田，有點裂痕反而比較有真實感，所以可故意塗厚一點，刻意營造裂痕，至於會從哪邊開始裂，那就只有老天知道了。

point 4

容器也要注意！

攪拌石膏也要慎選容器。選擇時的重點在於「能洗乾淨」，如果使用的時候有上次使用時的石膏殘留，就會有強度上的問題。建議選擇耐熱玻璃材質的容器。使用拋棄式的杯子也是不錯的選擇。

祕訣No.12　地面、線路篇③　地　面

利用道具替地面營造真實的質感

1.噴上稀釋過的木工白膠

2.利用茶濾網撒粉

3.利用湯匙撒粉

4.利用滴管滴稀釋過的木工白膠

利用石膏打造需要的地形之後，接著要替地面化點妝。

要準備的道具與材料包含「噴霧器、毛刷、滴管、小盤子、湯匙、茶濾網、木工白膠（非速乾性）、各種粉末」，最後還要準備吸塵器。備妥這些之後，就能開始替地面化妝了。

①先用3～5倍的水調稀木工白膠，再將木工白膠稀釋液填入噴霧器，噴在地面。如果要上膠的範圍不大，可利用毛刷塗抹。②撒上黃土色系的粉末，使用茶濾網會撒得比較均勻。撒好後，用滴管滴幾滴稀釋的木工白膠。③草地的部分可利用綠色粉末鋪設。如果希望綠色粉末撒得均勻一點，可使用茶濾網；如果想要撒得集中一點，可改用小盤子或湯匙。④利用滴管滴幾滴木工白膠稀釋液。

這個「撒粉、用滴管滴幾滴稀釋過的木工白膠」的步驟要重覆很多次，但不需要等到前面滴的木工白膠乾燥。滴完後，以吸塵器吸除撒在旁邊的粉。大概要等上一天，木工白膠才會完全乾燥。乾燥之後，色調也會稍微變得亮一點。

point 1

預先將三種顏色的粉末拌在一起

也可以預先攪拌粉末！

可能有人會覺得重覆「撒粉→以滴管滴稀釋過的木工白膠」的步驟很麻煩。不想這麼做的話，可先將幾種顏色的粉末拌在一起，但不用拌得太均勻，差不多就好，看起來才比較自然。

point 2

使用Fleck Stone這種噴漆上色的範例

有更簡單的方法！

如果連「撒粉」都覺得很麻煩（其實應該是種樂趣吧？）的人，可試著使用「Fleck Stone」這種能噴出顆粒質感的噴漆。使用這種噴漆可噴出類似KATO軌道道床的質感。噴幾種黃土色噴漆或綠色噴漆，這個步驟就完成了。

point 3

注意用色！

不管是地面還是草地，最多不要超過三種顏色，而且要注意上色的順序。一般來說，會先上較濃的顏色，之後再上比較淡的顏色。若是最後才上較濃的顏色，整個色調就會變得很重，若是分次上較淡的顏色，就能讓顏色變成非常自然的漸層色，看起來也比較繽紛。

point 4

要注意時間帶來的變化！

若以撒粉的方式上色，時間一久，顏色就會不一樣。簡單來說，就是掉色，所以偶爾要檢查一下顏色，掉色太明顯的部分要以「撒粉→以滴管滴稀釋過的木工白膠」這個步驟補色。

如果是用噴漆上色，就不太需要擔心掉色的問題。

祕訣No.13　地面、線路篇❹　線　路

鐵路模型場景的基本是鋪設線路 讓我們用「版軌」牢牢銜接線路吧！

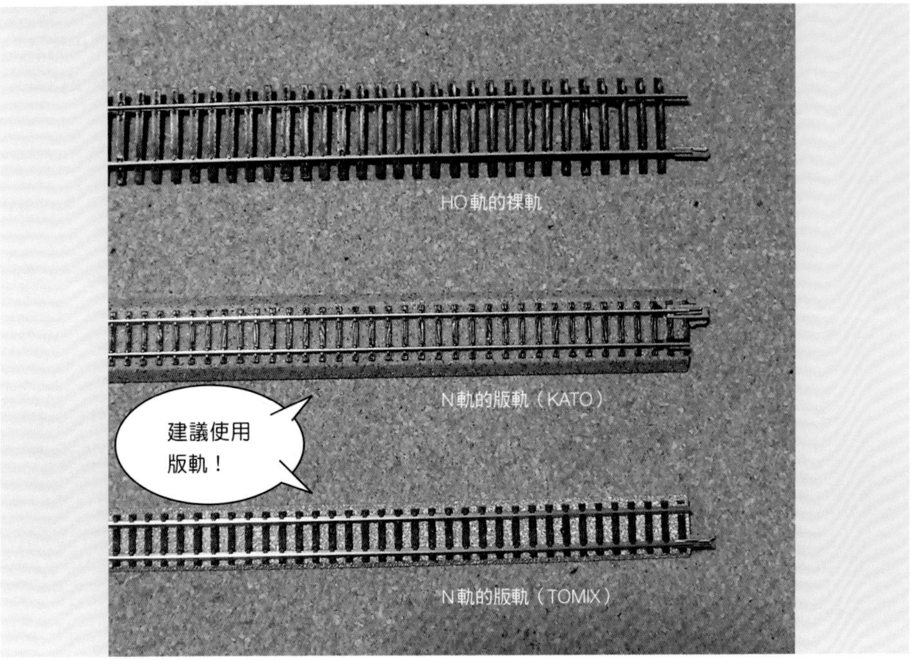

HO軌的裸軌
N軌的版軌（KATO）
建議使用版軌！
N軌的版軌（TOMIX）

場景的英文是「Layout」，原義是布置，在日文被挪用為配置鐵路模型的線路之意。總的來說，就是指山川、街道這類立體圖型，所以鐵路模型場景的線路鋪設可說是建造鐵路模型場景的基本。

線路分成兩大類，一種是只以軌道與枕木組成的「裸軌」（彈性軌），另一種是有附地基的「版軌」（含道床的軌道）。裸軌可視情況決定彎曲程度，但版軌就不行。

聽到這裡，或許大家會覺得裸軌比較實用，但組裝式鐵路模型場景比較適合使用版軌。

最大的理由就是有利於底板的銜接，也就是線路的連接。如果讓裸軌接在一起，收納與搬運時，軌道很容易因為兩端受到拉扯而受損；若是使用小型的連接專用線路連接，就得製作很多個連接專用線路，只利用接頭連接的裸軌也很脆弱。反觀版軌是以可變長度軌道銜接，而且道床本身也有接頭，所以比裸軌更能牢牢地銜接在一起。

point 1

了解可變長度軌道的強項！

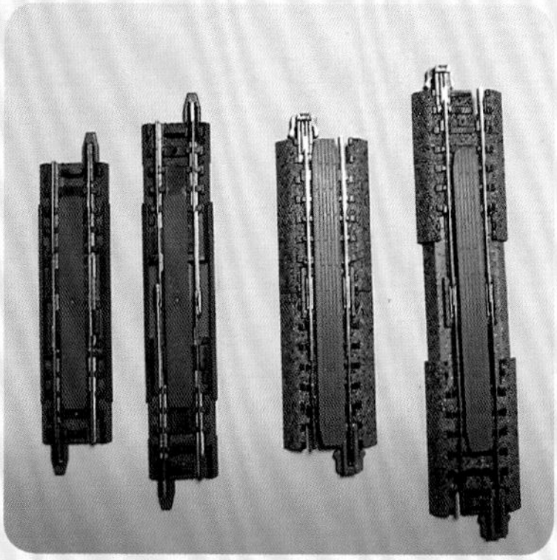
可變長度軌道（左為TOMIX、右為KATO）

利用可變長度軌道銜接的最大理由就是方便組裝。若使用長度固定的軌道，就得同時銜接多條軌道，但如果使用的是可變長度軌道，一條線路只需要兩條軌道就能接好。此外，KATO滑動伸縮軌道的有效長度為78～108公釐，TOMIX可變長度軌道的有效長度則為70～90公釐。

point 2

主線最好以較短的固定長度軌道銜接

不使用可變長度軌道銜接的範例

剛剛有提過，要同時銜接多條軌道是件很麻煩的事，所以才選擇可變長度軌道，但如果只是兩條路線四條軌道，相對來說就沒那麼辛苦。可變長度軌道雖然好用，但就軌道的性質而言，常見的固定長度軌道還是比較好。

此外，HO軌沒有可變長度軌道。

point 3

固定線路！

一般來說，會使用小釘子固定線路，但其實也可以使用橡膠接著劑固定。唯一要注意的是，不管使用哪一種，「都不要固定得太死」，以免日後電動轉轍器故障時難以更換。此外，若是使用小釘子固定，要常常檢查釘子有沒有因為列車產生的振動而浮起來。

point 4

組合線路！

在市售的底板之中，較長的規格有600、900、1200公釐。下列是組裝直線版軌時的參考。KATO：600＝248×2＋滑動伸縮軌道（104）、900＝248×3＋64＋滑動伸縮軌道（92）、1200＝248×4＋124＋滑動伸縮軌道（84）、TOMIX：600＝280＋140＋99＋可變長度軌道（81）、900＝280×2＋158.5＋99＋可變長度軌道（82.5）※單位為公釐

一個小巧思展現出宛如真實道碴的臨場感！

只在版軌的兩側撒細砂的範例

於前一節建議的「版軌」是枕木與地基一體的構造，地基也可使用稱為道碴的細砂呈現。雖然直接使用版軌附的地基也不錯，但使用真正的細砂鋪設地基會更有臨場感。不過，可不是隨便撒一撒就能達到這個目的，基本上要撒到枕木陷在細沙，只露出上緣的程度才夠逼真。假設使用的是版軌，砂面與枕木上緣幾乎是切齊的，所以在整條軌道撒上細砂後，就會看不到枕木，建議只在「道床的兩側撒細砂」。要注意的是，細砂不會撒在線路之間，所以要調整色調。

細砂可使用三倍稀釋的木工白膠固定。利用毛筆在要撒細砂的位置，以及道床的兩側與底板接合處塗抹稀釋過的木工白膠，接著趁木工白膠還沒乾的時候撒上細砂。將細砂整理成需要的形狀後，以滴管滴幾滴木工白膠稀釋液。等個一天，讓木工白膠凝固後，去除多餘的細砂。如果形狀不夠滿意，可再撒一些細砂，再以滴管滴木工白膠稀釋液調整形狀。

point 1

線路下方的道碴通常會黑黑的

線路的顏色不會都一樣

不是在線路周圍撒細砂就算完成了。仔細觀察實際的線路就會發現，靠近軌道的道碴會變黑，這是因為列車的轉向架常常會滴油，而且轉轍器的可動部分也會塗油，所以除了軌道之間的道碴會變黑之外，幾乎整條道碴都會變得黑黑的。

point 2

線路的周圍也會長雜草

線路周遭也有季節變化

撒完細砂後，在軌道之間上點顏色雖然就已經算是完成了，但還可以再增添一點季節感。線路兩旁很常長一堆雜草，尤其地方路線更是明顯，每到春天總是開滿了繽紛的花朵，夏天則是雜草叢生，到了秋天則轉換成枯葉的顏色，冬天則通常是禿成一片。如果是櫻花盛開的景色，可試著在線路兩旁種點雜草。

point 3

要注意轉轍器的部分！

撒細砂的時候，要避免撒到轉轍器的作動構造裡，而在固定細砂的時候，也絕對不能讓木工白膠稀釋液流到作動構造或周邊的位置。如果木工白膠流進轉轍器，有可能會導致轉轍器無法運作或是導電效率變差，此時可能就得拆開來清理。

point 4

銜接處的接頭也要注意！

固定在底板上的軌道通常都不會隨便拆開來，所以不太需要擔心細砂撒到銜接構造裡面，但銜接部分的接頭有可能得常常拆開或銜接，此時若是細砂撒到接頭裡面就糟糕了，所以最好是在軌道接好的時候撒細砂。

在鐵路模型場景的重點造景「平交道」設置標誌營造真實感

這是鐵路模型場景的平交道，旁邊設有自動警報裝置與自動遮斷器

坡道標誌的模型

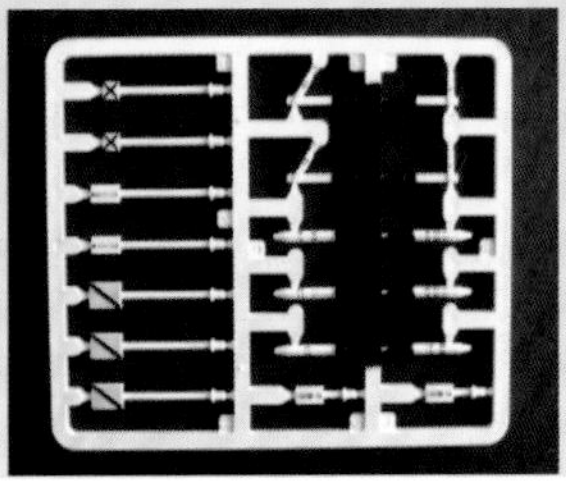
速度標誌

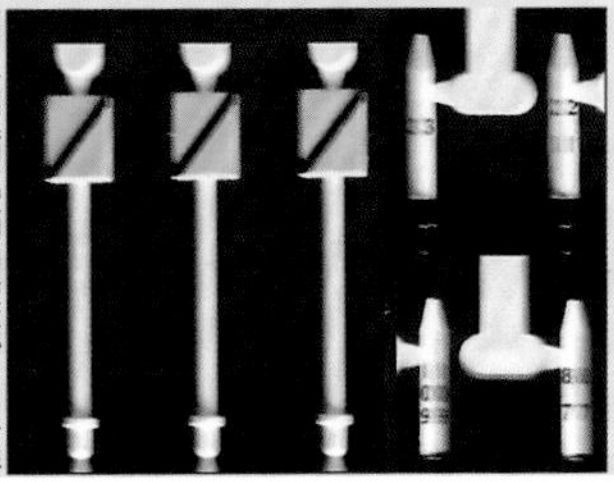
列車準備進站的標誌。里程碑

有線路就有車站，沿線則會有市鎮、店家或民宅，有時還會有山、有隧道；若有河，就會需要跨過河的橋，也會有道路。線路與道路在平面交會之處會有平交道。設置平交道的時候，要依照設置處或道路寬度決定平交道的種類，所以建議大家參考實物，試著製作不同種類的平交道。

都會或住宅區的平交道比想像中多，所以在一塊底板設置多個平交道也不會很突兀，請大家放心地設置。此外，線路兩旁也立有各種標誌。基本上，鐵路模型場景就是一種「實物依比例縮小的模型」，所以建議各位盡可能在鐵路模型場景裡面設置標誌。舉例來說，若有斜坡就設置坡道標誌；若有轉轍器或彎道，就設置列車限速標識；車站附近則設置提醒即將進站的標識，盡可能地正確配置這些標誌，鐵路模型場景才會顯得更加真實。話說回來，接近實物固然是好，但有時可為了讓場景顯得更美觀而多設置一些標誌，只要不會讓人覺得假假的就可以了。

point 1

規模雖小，卻也是第一類的平交道

了解實際的平交道！

平交道大致可分成四種，第一種是有自動警報裝置與自動遮斷器或有看柵人員手動操控遮斷機，第二種是看柵人員只在固定時間操控遮斷機，第三種是只有自動警報裝置，第四種是沒有遮斷機，也沒有警報裝置。都會區的平交道通常都是第一種，山區則通常會是第四種。

point 2

實際的坡道標誌

設置坡道標誌！

基本上坡道標誌會於斜坡的起點與終點的行進方向左側設置。此外，會以黑色板子的部分為基準，當寫有數字的板子高於黑色板子，代表這裡是上坡；若是低於黑色板子則代表是下坡。板子上面的數字代表千分率（‰）。L代表的是水平（Level）。由於坡道一定有終點，所以記得在起點與終點設置成對的坡道標誌。

point 3

車站附近的各種標誌是一大特色

舉例來說，車站附近都會有「列車準備進站」的標誌。顧名思義，這個標誌就是用來提醒乘客列車準備進站，黃底黑斜線的圖案也非常引人注目，所以除了在都會區配置這個標誌，在山區的線路配置會更有真實感。此外，月台的線路之間都會替車廂數不同的列車設置停靠位置的記號，所以也能在鐵路模型場景的車站設置類似的記號。

point 4

何謂里程標？

說明現地與這條路線的起點距離多遠的標誌稱為「里程標」，若是下行線，里程標會配置於左側。里程標分成每公里設置一個的「甲型」，與每500公尺設置一處的「乙型」，也有每100公尺設置一個的標誌，但換算成N軌的規格，100公尺為67公分，所以100公尺的標誌就不太適合依照實際情況配置。

祕訣No.16　地面、線路篇⑦　道路

有「線路」就有「道路」視情況選擇不同的鋪裝！

只有單側一線道的簡易道路……於某處住宅區拍攝

鐵路模型場景的主角當然是鐵路，但有鐵路就有道路。說得再深入一點，有人的地方一定有道路，但不一定有鐵路，所以道路可說是鐵路模型場景不可或缺的元素之一。

話說回來，一句「鋪裝道路」可無法完整代表各種鋪設道路的手法，例如在底板表面塗一層防裂的漆也算是「鋪裝道路」的手法之一，但這樣實在太過單調對吧？本書雖然沒辦法全面介紹用貼紙貼出道路到正式的「鋪裝」手法，但還是希望大家參考看看本書的方法。

話說回來，不管是都市還是鄉下，現代的道路多以瀝青鋪成，鐵路模型場景的道路也都是柏油路，但山區的小路、田地、溪谷，通常不會是柏油路。假設鐵路模型場景所設定的時代是「二次世界大戰之前」，列車的種類可能會與現代不同（例如蒸氣火車），幹道或其他支道也很可能不會是柏油路。

因此，我們要依照鐵路模型場景的地區或時代考慮道路的鋪裝方式。

point 1

粗砂紙（上）與耐水砂紙（下）

利用砂紙製作道路

顏色為土黃色的粗砂紙可直接當成碎石路使用。隨機塗上明暗不一的同色系顏色，再於道路兩側與中央種一些雜草，碎石路就完成了。號數較大的耐水砂紙則可當成柏油路使用，只要貼上類似中心線的貼紙，看起來就很像現實世界的道路。

point 2

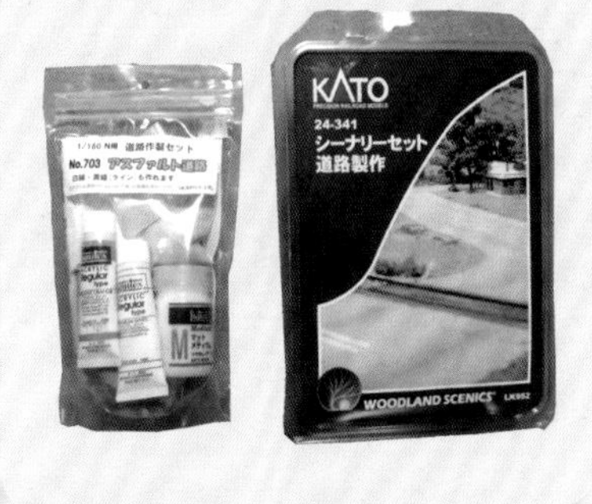

道路製作套件（左MORIN、右KATO）

正統的「鋪裝」手法！

若用砂紙鋪設道路，接縫處很難不引人注目，後面提到的貼紙也只有直線的，DioTown的規格也是固定的。話說回來，道路是會上下左右轉彎的，所以要想呈現這種道路，就得自行「鋪裝」。在此介紹的是KATO的道路製作套件與MORIN的套路製作套件，大家有機會務必試用看看。

point 3

簡單的柏油路製作方法

這是簡單廉價卻很有效果的手法。白線也是用印的，所以只需要「貼上去」就完工了。由於只有反面與直線，所以只能用來鋪設直線線路兩旁的道路。不過這種素材汰舊換新的速度很快，所以一找到適合的，建議立刻「買下來」，鐵路模型場景的製作可是很講究「效率」的。

point 4

柏油路街景很迷人

KATO推出了「DioTown」之外，也推出了專為該公司產品Unitrack的長度（248公釐）設計的鋪裝道路板以及周邊裝飾。這些鋪裝道路板與周邊裝飾的完成度都很高，種類也很豐富，對道路上的車子有興趣的人，或許會覺得沒有鐵軌也很有趣。

祕訣No.17　地面、線路篇⑧　道　路

活用鐵路模型場景不可或缺的道路裝飾品「路標組合」！

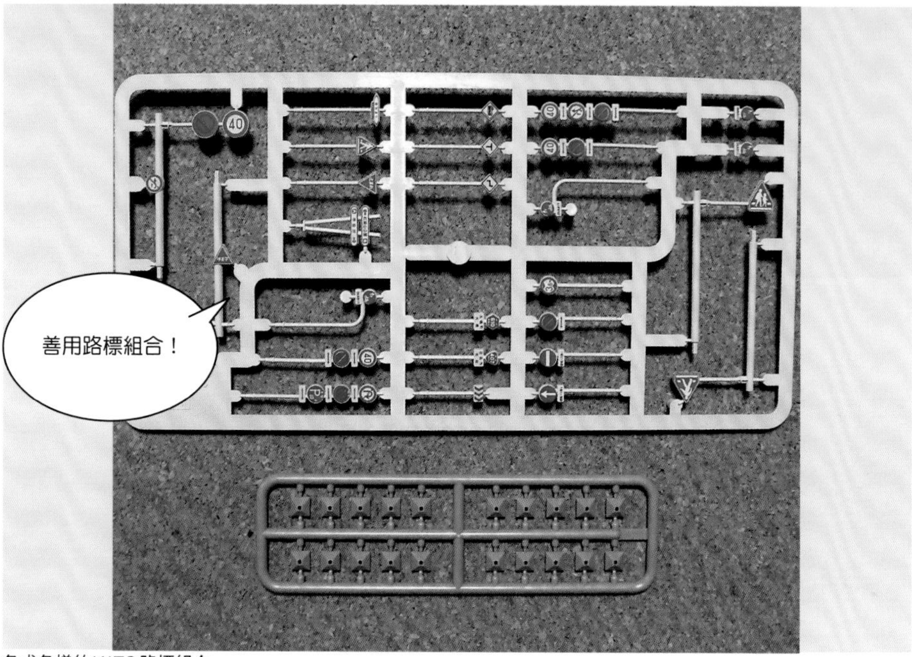

各式各樣的KATO路標組合

全國各地都有道路，所以鐵路模型場景當然也不能沒有道路。除了田間小徑之外，一般的道路都會有人行道、柵欄或護欄，也會有各種路標，其中最具代表性的就是紅綠燈。有紅綠燈就有斑馬線，道路上面也會有前面有斑馬線的路標。

大部分的成人都有「駕照」，所以這裡不太需要講解路標代表的意思。仔細觀察身邊的道路就會發現有哪些路標。可喜的是，各家模型製造商都推出了各種路標產品，所以就讓我們用這些產品來裝飾鐵路模型場景的道路吧。

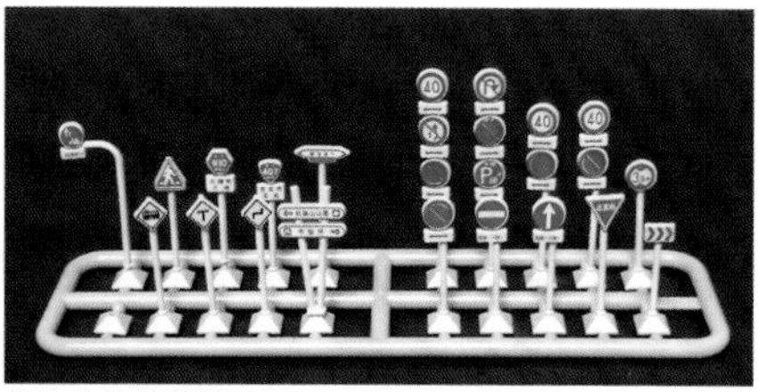

組裝之後的模樣

照片裡的路標模型是KATO的「路標組合」，種類非常齊全，很難全部用得上，不過要是太在意用不用得完這件事，就做不出漂亮的鐵路模型場景囉。

point 1

30

現實世界的馬路保有一致性！

注重整合性！

千萬別出現馬路上寫著「50」，卻掛著「限速40」的路標；或是中央線明明是白線，卻寫著「禁止超車」這種情況。另一方面，如果裝了很多路標，但平交道或斑馬線前面沒有相關的路標，也會讓人覺得缺乏一致性。每個路標都有意思，所以安裝路標的時候，要注意這些路標之間的一致性。

point 2

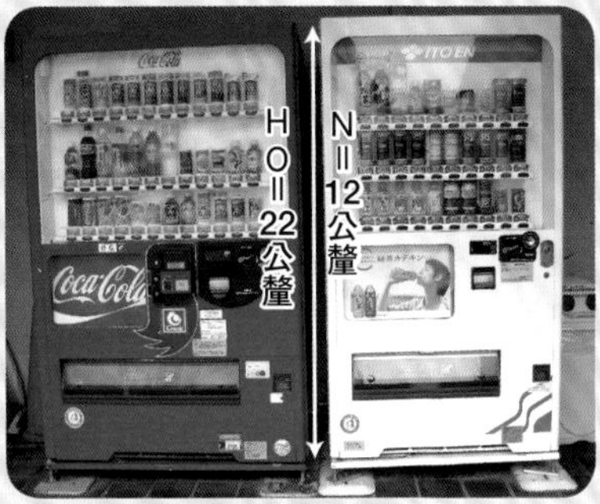
H=22公釐
N=12公釐

自動販賣機的大小差不多是這樣

注意整體的均衡感

精緻當然是好事，但設置飲料自動販賣機的時候，要連自動販賣機的樣品都很精緻嗎？N軌的自動販賣機只有高度12公釐的版本。除了想特別突顯模型的質感，否則精緻度恰到好處就好，以免整座模型的整體性被破壞。

point 3

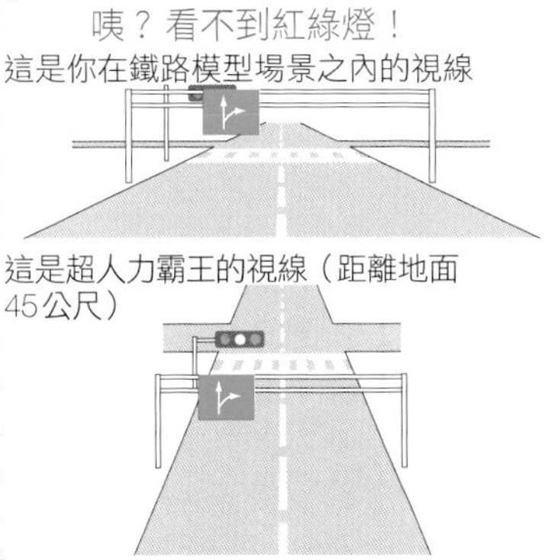
咦？看不到紅綠燈！
這是你在鐵路模型場景之內的視線
這是超人力霸王的視線（距離地面45公尺）

你的視線與超人力霸王的視線

要從模型的角度來看

我們看鐵路模型場景的時候都站得多高？如果是站在離地面30公分高的角度來看，在N軌就是從「超人力霸王的視線」來看。安裝路標之後，記得先檢查一輪。在鐵路模型場景裡的你，身高大概只有1公分多一點，如果將路標裝在從這個高度看出去卻看不見的位置，就有必要立刻改位置。

秘訣No.18　地面、線路篇⑨　田　地

鐵路模型場景不可或缺的「田園風景」
在田地加點裝飾，營造季節感

收成後的水田。初秋時分，雜草橫生

製作鐵路模型場景時，風景大致可分成三種，一種是充滿建築物的人造風景，例如辦公大樓、店家排成一列的車站腹地、公寓、獨棟住宅林立的住宅區，另一種則是自然風景，例如山澗、湖泊、沼澤、海邊這類場景，最後一種則是人工打造的「類自然風景」，最具代表性的就是稻田這類鄉下風景。總之，要想呈現日本復古風情，就絕少不了稻田這類風景。「水田」的景色會隨著季節而變化，例如初春是種苗，初夏是插秧，到了盛夏之際，整片稻田會變得綠油油一片，秋天則是稻穗搖曳的一片金黃，晚秋則是收成後光禿禿的一片，而這種造景最適合用來呈現季節的不同。「旱田」可在任何地方出現，例如線路旁的小路或斜面，還能利用農作物營造不同的變化。

收成後的水田模型與周邊的雜草（NMRC的鈴木先生）

point 1

表面粗糙的硬紙板是最佳素材

利用硬紙板打造壟畝！

鐵路模型場景的壟畝通常會使用「硬紙板」打造。如果是N軌，可直接以黃土色系的顏色（霧面）的漆塗裝，接著在乾掉之前撒一點同色系的粉，再於壟畝上方塗抹木工白膠，然後撒點綠色的粉就完成了。如果是HO軌，就得稍微整理一下硬紙板，不然會太過「平整」，可試著抹一層薄薄的石膏，營造自然的紋理。

point 2

在DIY商店買到的人工草皮

在DIY商店找素材

DIY商店絕對是素材的寶庫。若問什麼素材最適合用來打造田地，那當然非「人工草皮」莫屬了吧。人工草皮的種類非常多，但短毛、密度較高的草皮最適合用來製作盛夏的水田。噴點黃土色的漆，並在漆乾掉之前不規則地撒點黃土色的粉，再噴點金色的漆，就能打造出「收成前」的水田。還有一樣令人感到意外的素材，那就是「毛巾」。將整條毛巾噴成黃土色，再用毛筆在兩端輕輕點綴些許綠色塗料，就大功告成了，雖然毛巾兩端的處理是有點麻煩。

point 3

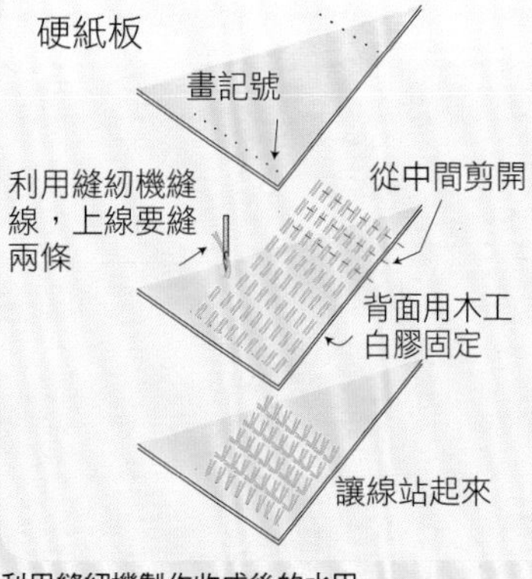

利用縫紉機製作收成後的水田

溫故知新，縫紉機大展身手的機會！

這是打造收成後，殘株等距排在田裡的晚秋景象最方便的方法。在黃土色的硬紙板畫上間距相等的記號，再以縫紉機在這些記號上縫線。這些縫線代表的是殘株，所以要使用枯草色（淡褐色）的線。此外，重點在於表面的上線要有兩條。縫好後，利用木工白膠固定背面的線，接著將表面的線從中間剪開，再讓平躺的線立起來，田地就完工了。

專欄3

自然情景、山與樹木

製作山的方式相對容易，而且山也是鐵路模型場景的一大造景。如果能在模型山上巧妙地配置樹木，就能打造出美麗的景色。

御岳的大樹

話說回來，鐵路模型場景的空間有限，一旦造景過於密集，就會顯得雜亂，失去應有的質感。大樹可能超過20公尺（照片裡的櫸樹有23公尺高）。換算成N軌的樹，大概有14公分，這很可能比小山還要高，所以使用矮一點的樹，才能讓鐵路模型場景的造景顯得「均衡」。此外，也要稍微了解樹木的特徵。若是抱著「什麼都好」的心態購買市售的樹，當作行道樹使用，一點都不會讓人感動。樹木本身也會隨著季節而有不同的變化，每種樹木都有自己的特徵。說到底就是個「模型」，應該不用那麼講究吧……這麼說也沒錯，但還是要有基本的常識。

本鄉的銀杏

山、樹木篇

為鐵路模型場景畫龍點睛的「山」利用保麗龍打造可自由調整高低

直接縮小就能當成模型使用的「山」

相對於一片平坦的都會，「山」絕對是非常吸睛的造景。其實「山」的定義並不明確，只要有拔地而起的尖頂，就算是山了。假設這個尖頂寬而平坦，就會是所謂的「高原」；如果是規模小一點的尖頂，就只能算是「丘陵」，但山與丘陵之間的界線非常模糊，所以本書全部都稱為山。

雖然可用來製作山的素材有很多，但其中最為推薦的還是方便加工的保麗龍。保麗龍板可在DIY商店購得，建議大家選擇材質硬一點的。若是要以這種材質略硬的保麗龍打造矮山，可先稍微塑形一下，再貼在鐵路模型場景的表面，如果是要用來打造高山，則可先塑形成地圖的等高線形狀，再一層層疊高。重疊保麗龍的時候，先用竹籤串起來固定，以免黏著劑乾燥之前，不小心動到保麗龍。保麗龍黏死後，可視鐵路模型場景的造景需求以美工刀削切保麗龍，再於表面塗抹石膏。攪拌均勻的石膏大概30分鐘就會凝固，所以要在凝固之前用毛刷在石膏表面刷出紋理。

point 1

以山為背景也是一招！(J-TRAK)

「山」是背景！

山總是又高又大，但鐵路模型場景的面積有限，所以要營造遠山的感覺時，可在底板的遠景處配置畫有遠山的「景片」。或許這樣還是不夠自然，卻能讓鐵路模型場景看起來更有景深，規模看起來也更大。景片不一定只能畫山，也可以繪製街景或天空。

point 2

城堡很適合立於山頂（高槻N軌俱樂部）

「山頂」是另一個世界！

在山頂配置日本城的鐵路模型場景算是很常見，例如照片裡的就是實際蓋在山上的岐阜城。話說回來，岐阜城模型的比例是1/350，大小還算是適當，但站在鐵路模型場景平地的人往山上看的話，山城應該要小一點才對，不過這點大家心裡知道就好了。

point 3

蓋在山頂的渡假村（林業鐵路）

山頂是渡假村！

將「山頂」打造成世外桃源的「林業鐵路」在山頂打造了一棟超豪華的渡假村，真的讓人覺得山頂別有洞天！旅館周遭的建築物也很美，與渡假村成為一幅南洋渡假村的景色，住在裡面的人一定很幸福吧！

祕訣No.20　山、樹木篇❷　隧道

打造自然風景絕對少不了「山」製作最吸睛的「隧道」吧！

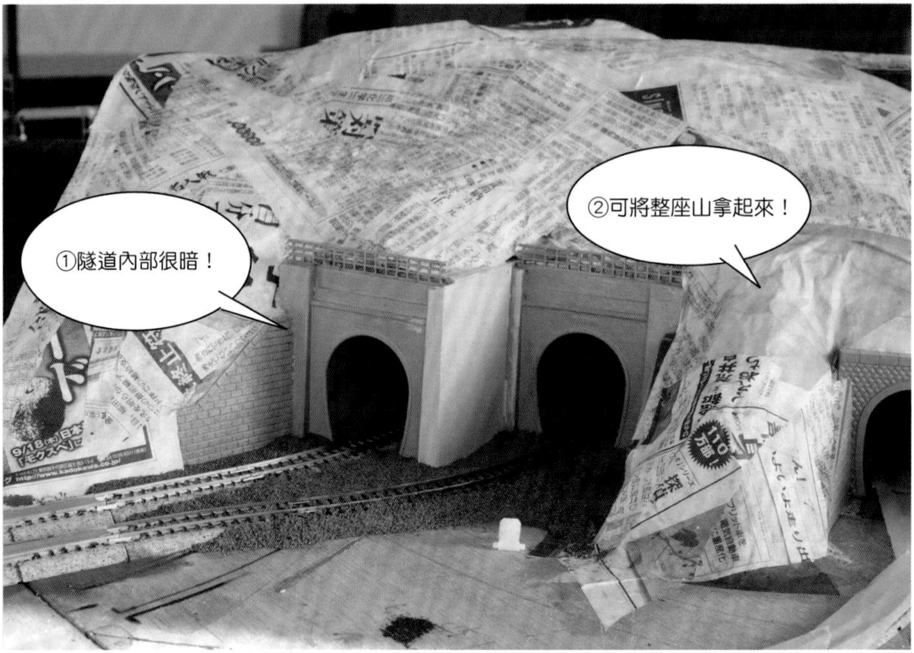
①隧道內部很暗！
②可將整座山拿起來！

正在製作中的山與隧道

鐵路模型場景最受歡迎的「自然」造景當然是「山」，山本身很吸睛，製作也相對容易之餘，還能讓鐵路穿過，以及增設建築物。說到要讓鐵路穿過山脈的話，那當然就是要打造隧道囉。要打通隧道，第一步是在製作山的骨架時，先預留「隧道入口」這個構造。市售的隧道入口有很多種（單線、複線、電氣化軌道、非電氣軌道），可視鐵路模型場景的概念選購。

也能試著賦予山不同的「表情」。前一節介紹的是「山城」，但其實也可以在山頂配置觀景台、公園、遊樂園或是神社與佛寺。要注意的是，鐵路模型場景的山若換算成實際比例，頂多是幾十公尺的小山，山頂的平地最多是「立錐之地」，不能配置規模太大的建築物。雖然前一節的主題是「山頂是另一個世界」，但也不能走火入魔，打造穠纖合度的建築物、懂得取捨，才能維護場景應有的協調性。

point 1

隧道內部漆黑一片

隧道裡面是暗的！

鐵路模型場景的隧道並不長，另一側也會進光，所以不會像真實的隧道那麼暗，但如果一進入隧道，山的骨架就赤裸裸攤在眼前，那真的很掃興，所以可在隧道前10公分的部分噴上霧面的黑漆，替隧道打造「內壁」，可以的話，不妨連山的骨架都噴成黑色。

point 2

可拿起來的隧道最為理想

不要配置電氣化鐵路的無電區間

隧道內部不能是看不見、摸不著的地方，因為列車有時會在隧道內部脫軌，隧道內部的軌道也需要整修。在隧道背面安裝一個有蓋子的觀察孔是方法之一，但能把整座山搬離軌道才是上上之策，而且也方便搬運與收納。

point 3

滿是隧道的風景也很有趣

隧道是大秀功力的造景？

圖中的鐵路模型場景在岩山鋪設了環狀鐵路。由於鐵路模型場景的規模有限，所以圖中鐵路的轉彎弧度很大，隧道的入口也很有限，結果整個鐵路模型場景就都是「隧道」。這種造景雖然不太真實，但機會難得，就打造了一堆隧道。

種類豐富的丘陵讓人百看不膩
利用「斜坡」營造立體感！

在緩坡區間奔馳的列車（林業鐵路）

有山就有隧道，但低矮的丘陵若有斜坡，就會很想讓列車順著斜坡爬上去，而且這麼做還能為鐵路模型場景營造立體感，也可以架橋或是打造立體交叉的軌道，變化之多，讓人看得目不轉睛。若鐵路模型場景的空間允許，還可設置環狀線或折返式路線。

話說回來，斜坡最為重要的部分就是斜坡角度，實際的斜坡會依照日本「普通鐵路構造規格」打造，主線的坡度最高只能是35‰，也就是每1000公尺，高度只能上升35公尺，模型的話可以到40‰。**斜坡不容易自行打造，建議使用市售品或適當的素材製作底座**，尤其要在斜坡區間配置彎道更不容易，因為還要顧及「高低軌」的問題。在平地設置彎道時，通常會注意高低軌的方向，但在斜坡區間設置時，這個問題卻很常被忘記，所以在製作底座以及利用石膏塑形時，要特別注意高低軌的方向，一不小心，很可能會配置成彎道內側較高的「逆向高低軌」。老實說，實在不太建議在斜坡區間配置彎道，如果一定要配置，記得讓列車在這個區間減速。

point 1

使用市售的斜坡支撐架

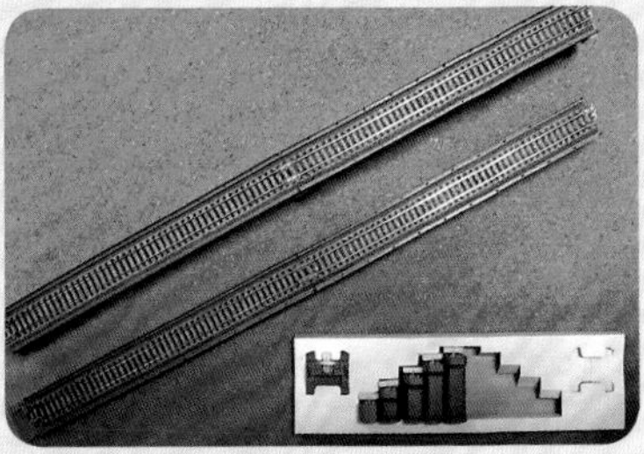
盡量使用市售的斜坡支撐架

市售品的種類不少，也很實用，用來製作鐵路模型場景的斜坡不僅很穩定，也能節省不少製作的時間。此外，支撐架的間距愈長，斜坡就愈緩；愈短，斜坡就愈陡。要注意別讓間距忽長忽短，否則列車有可能會脫軌。

point 2

使用斜坡地造景

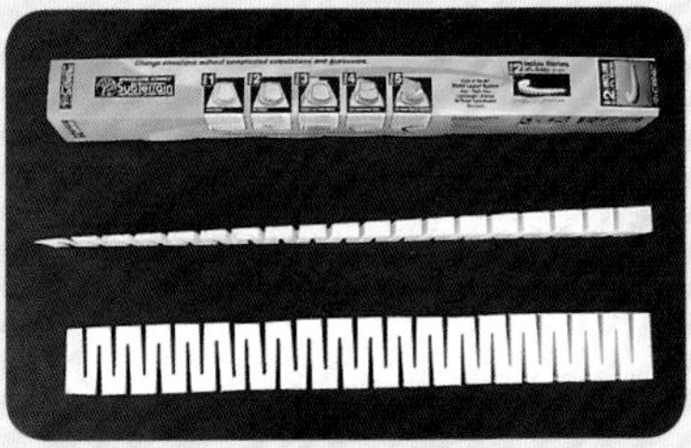
製作斜坡的素材「斜坡地保麗龍」

打造堤防狀的斜坡時，最有效的就是使用斜坡地保麗龍。利用木工白膠將這項素材黏在底板，再於表面覆蓋石膏布，在石膏還沒乾之前，就先拿鐵軌比劃一下位置，等到完全乾了，稍微修飾一下表面再把鐵軌黏上去就大功告成了。市售的斜坡地造景有坡度20‰、30‰、40‰這些種類。

point 3

立體交叉的上下間距該抓多少？

N軌的上下軌道之間，大概只需預留5公分的距離

上下鐵軌之間應該距離多遠？簡單來說，就是集電弓不會被勾到的距離即可。一般來說，N軌的距離為5公分，HO軌的距離為9公分就夠了，市售品也都是這個規格。唯一要注意的是歐洲型列車，因為單臂式集電弓異常地高！

祕訣No.22　山、樹木篇④　樹　木

營造季節感的重要造景「樹木」先了解樹木的特徵再視情況使用！

夏天的楠木

冬天的水杉

地面鋪設完成後，接著就是配置樹木。樹木絕對是鐵路模型場景不可或缺的造景之一，山地或溪谷當然都有樹木，都會區也有行道樹或公園，這些地點都少不了樹木的妝點。樹木除了作為景色的一部分，也可營造鐵路模型場景的整體氣氛，是突顯季節感的重要造景之一。市面上有許多既成品或組裝式的樹木造景，製作方法也非常多種，但在正式製作樹木的造景之前，應該要先了解「樹木」本身。

大致上，「樹木」分成兩大類，一種是葉子長得像細長的針，整棵樹呈圓錐形的針葉樹；一種是葉子的面積較大，整棵樹長得圓圓的闊葉樹。除了葉子的生長方式之外，針葉樹與闊葉樹之間還有一些差異，例如針葉樹的主幹與分枝的角度小於闊葉樹，主幹的成長速度也比分枝來得快。不過無法如此分類的「櫸樹」則是長得像倒立的竹掃把。「樹木」其實還有別的分類，例如葉子會在冬季全部掉光的落葉樹，與冬季也不會落葉的常綠樹，但其實常綠樹不是真的不會「落葉」，只是會隨時長出新葉子而已。

point 1

		常綠樹	落葉樹
針葉樹		也有高度超過30公尺的類型。杉樹、日本冷杉、檜樹、黑松都是常綠樹，常見於溫帶、日本北部或寒冷地區。	有些高度超過30公尺。落葉樹較為少見，只有日本落葉松與水杉這幾種。
闊葉樹		高度最多25公尺。山茶花樹、楠木、櫟樹、栲樹都是其中之一。常見於溫帶與熱帶之間的地區。	高度最多不超過20公尺，櫻樹、銀杏樹、懸鈴木、櫸樹、槲櫟都是其中一種。是否會落葉端看溫度與乾燥度決定。

了解樹木的種類！

在此以針葉樹、闊葉樹以及常綠樹與落葉樹這兩大項目作為分類，介紹一些屬於這些分類的樹種，不過要先提醒大家，這些都是常見的樹木。針葉樹常見於寒冷地區或山區，闊葉樹則常見於郊區周邊的山區或市鎮。或許大家會以為針葉樹等於常綠樹，但其實日本落葉松的葉子會在轉黃時落葉，水杉的葉子則會在轉成紅葉時落葉。

point 2

具代表性的行道樹「懸鈴木」（攝於澀谷）

常見的行道樹有哪些？

行道樹就是配置在街邊或路上的樹木，雖然沒有正式統計過，日本最常見的行道樹就是懸鈴木屬的樹木（英桐）與銀杏樹。

這兩種樹木之所以會被當成行道樹種植，主要是滿足耐空汙與容易種植這兩項條件。其他較常見的樹種還有楓樹、槲櫟、水杉這類樹種。

point 3

需要一點美感才有辦法使用的KATO樹木套件

製作樹木套件的基本步驟

這個套件有棕褐色的懸鈴木樹幹與深綠色的海綿。樹枝為平面狀，可先扳彎與扭曲成需要的角度。在樹枝塗上黏著劑之後，黏上海綿就完成了。這個套件依照針葉樹、闊葉樹與大小分成四種，每一種都有14～42根樹幹。

祕訣No.23　山、樹木篇❺　樹　木

利用帶有季節感的樹木、花朵替鐵路模型場景設定「季節」！

②替葉子上點顏色，
營造季節感！

秋天即景詩之一的黃銀杏

①在市售品加點
巧思！

染上一片粉色的春櫻盛開！

不管是樹木還是花朵，葉子顏色與開花時間都會隨著季節變化，所以在打造鐵路模型場景時，**至少該以底板為單位，設定不同的季節。**

春天是百花盛開、新芽初冒的季節，所以樹木大致是明亮的綠色，櫻樹就是非常鮮明的例子之一，到了三月下旬後，樹上會開滿櫻花，到了四月下旬後，花就謝了滿地，取而代之的是冒出嫩葉的「葉櫻」。夏天則是樹木一片綠油油的季節，地表會長出茂密的雜草，繡球花與菖蒲也會在梅雨季節過後開花，到了七月，桔梗花也會綻放，但八月幾乎沒有任何植物會開花。秋天則只有石蒜（彼岸花）或毛胡枝子（日本三葉草）會開花，可見這個季節的主角還是紅葉。楓樹這類落葉樹的葉子會在秋天轉成褐紅色，銀杏或日本落葉松的葉子則會染上鮮黃色，要注意的是，這些葉子再大也只有幾公分，所以在造景時，很難連形狀也做得維妙維肖。落葉樹會在冬天落葉，也不太會開花，常綠樹的葉子也因為不再是嫩葉，所以從深綠色轉換成褐紅色。若要替鐵路模型場景打造冬季的景色，還不如直接換上雪景。

point 1

使用市售的樹木套件

市面上有許多完成度極高的樹木套件可於打造鐵路模型場景時使用，例如TOMYTEC的「The 樹木」系列、河合商會、津川洋行的產品，都是直接以樹種作為產品名稱，反觀KATO的「針葉樹、闊葉樹與行道樹」的產品就沒有特定的樹種，很適合以「針葉樹就用於山岳或森林，闊葉樹就用於公園、庭院或雜木林」的方式使用，連KATO也在自家的型錄上如此建議。TOMIX的「針葉樹、雜樹、闊葉樹、常綠樹、落葉樹」也沒有特定樹種，但針葉樹或雜樹比較適合於山區或森林，闊葉樹則適用於公園與庭院裡的樹木。一般來說，常綠樹常見於郊區周邊地帶，落葉樹（紅色）則通常會是懸鈴木、紅葉與楓樹，較適合用來打造深秋的行道樹。由於落葉樹（淡綠色、綠色）本身就屬於「針葉樹體系」，所以要稍微思考一下才知道用途。

point 2

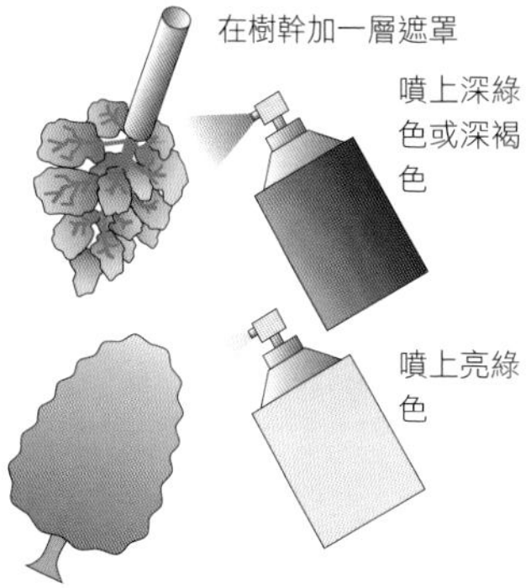
在樹幹加一層遮罩
噴上深綠色或深褐色
噴上亮綠色

樹木的噴色要由下往上，再由上往下

稍微改造市售的樹木套件

初春到盛夏這段期間，是嫩葉萌芽的季節，所以不同場所的樹木也會換上不同顏色的新衣，讓我們試著利用市售的樹木套件呈現這種差異吧。請先把樹倒著拿，噴上一層淡淡的深綠色，接著將樹立正，再噴一層淡淡的亮綠色，若能再撲上一層略顯差異的顏色，視覺效果將更加明顯。

point 3

換上不同季節的顏色！

市售的樹木套件通常是綠色的，所以大致上都只能代表春季到夏季這段時間。不過既然要使用這些套件，不如進一步鎖定季節，例如照片裡的小白花可代表桃花（3月）、梨花（4月）、蘋果花（5月）。蘋果花在東北地區或信州地區與鯉魚旗很搭配。另一張照片則是大小僅2公釐左右的楓葉。在樹幹塗上木工白膠，再點綴照片裡的紅葉，就能當成深秋的行道樹（楓樹、懸鈴木）。總之，葉子的大小就以HO軌為準吧。

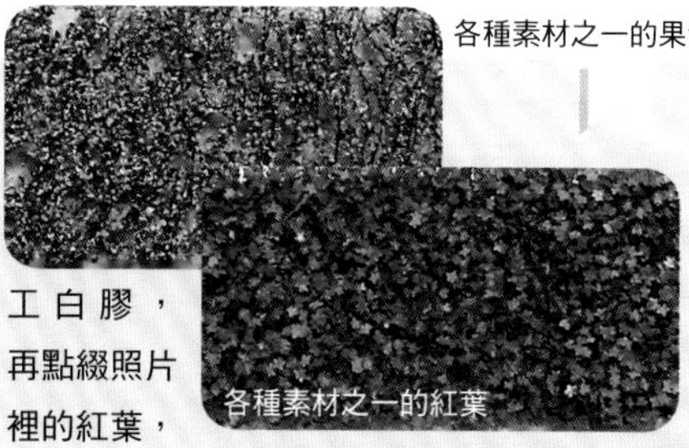

各種素材之一的果實

各種素材之一的紅葉

專欄4

務必打造水面！

水面的製作方式雖不比山或樹木多元，但難度不可謂之不高，所以建議大家「先觀察實際的例子，請教製作者之後，再自己動手試做」。河川、湖

上海的豫園

泊、海洋雖然都是「水」，但放到模型製作的世界裡，最好把這些造景視為不同的分類，而且河川還可以分成上游、中游與下游這幾種。

由於水景的種類眾多，讓狂野的大自然盡可能化為模型也是方法之一，或是打造成箱庭造景（在一個小箱子裡打造景觀）也是不錯的選擇。

此外，水邊也有一些很有趣的造景，例如「橋」就是最有趣的造景，光是為了了解橋這個主題而前往各地，就是很有趣的旅行了。其他的造景還有「船」這類道具，例如漁船、客船、郵輪，如果鐵路模型場景的湖泊太小，使用「輕舟小船」這類造景道具也是不錯的選擇。

御岳溪谷

水面篇

祕訣No.24　水面篇❶　水

鐵路模型場景耐人尋味的「水畔景色」利用素材打造「水」的造景吧！

整理得很漂亮的離宮庭園

位於隅田川河口附近的東京灣

湍急的御岳溪谷上游

讓人想安插在鐵路模型場景的小瀑布

若要打造鐵路模型場景，請務必試著打造湖泊、溪流、海洋這類「水畔景色」。這些「水畔景色」與山景一樣，都可說是鐵路模型場景饒富趣味的一部分，但水畔景色比山景更難以打造。

難度更高的第一個原因，是列車或建築物這類造景只需要縮小比例尺，但是「水」無法縮小，所以水滴與波浪無法縮小成1／150的比例，而且深度達15公尺的湖面會變成深綠色，就算在鐵路模型場景製作深度10公分的「水窪」，也無法營造出綠波蕩漾的湖面。

第二個原因是水與其他的造景不同，屬於「動態的造景」，河流會「流動」，瀑布會「往下沖」，即使是平靜的湖面或海面，也免不了有小小的波浪。要將這些景色打造成「宛如時間凍結的一張照片」，的確有不小的難度。

話說回來，現在市面上有許多與水有關的模型套件，所以讓我們先觀察「水畔的景色」與熟悉各種素材的特徵，再試著動手打造吧。

point 1

先決定原型！

陰天的不忍池少了藍天的湛藍

突然說要「打造河川或湖泊的造景」，但腦海裡沒有半點具體畫面，就不知道該從哪裡著手。所以第一步得先決定實景，也就是所謂的原型，才會產生「我想要打造這種情景」的具體想法。如果是身邊常見的風景當然最為理想，但以照片或影像遙想風景也是方法之一。要注意的是，鐵路模型場景通常會以直升機俯瞰的角度欣賞，但我們很難從上空俯視實際的景色，所以建議大家登高觀察要模仿的景色。照片是從附近大樓的餐廳鳥瞰的不忍池。

point 2

試著在底板加工！

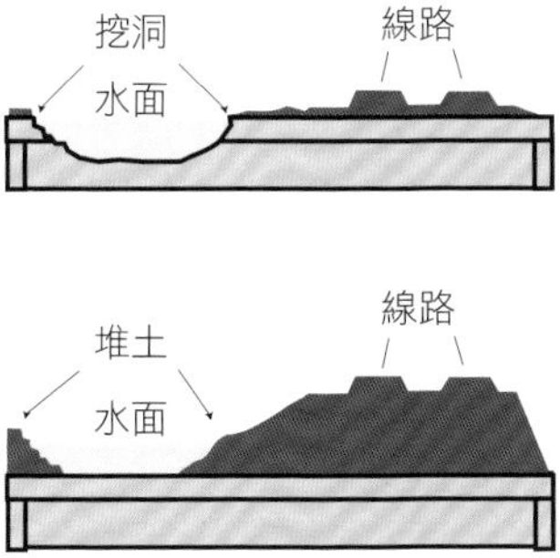

不是在底板挖洞就是堆土

實際的湖泊有一定的「深度」，所以也有所謂的「湖底」，而湖底的地勢當然比鐵路還低。由於鐵軌通常直接配置在底板表面，所以要打造「湖底」就得在底板挖洞，否則無法讓「湖底」低於鐵軌。假設不想在底板挖洞，可試著將線路墊高，否則就只能用「畫」的，打造沒有深度的湖泊。

point 3

思考鐵路模型場景的整體平衡！

製作水岸情景時，絕不能出現「不可能的場景組合」，例如海邊的渡假村不該與溪谷或瀑布擺在一起，小到「像個水窪」的池子看起來也很寒酸，當作「灌溉專用的蓄水池」只能算是差強人意。另外要注意的是，山裡的溪谷是不會有蓄水池的，不過若不是太講究，設定成「公園裡的池子」也是可行。

此外，水岸與線路之間的相對位置也必須多一分心思。我們很常看到與河川平行奔馳的鐵路，但只要仔細觀察就會發現，河川與鐵路其實離得很遠，鐵路的地勢也比河川高得多。雖然模型可以稍微拉近這兩者的距離，但也不能近到下大雨，河面就會漲到淹沒鐵路的距離。

湖泊、沼澤、池這類「與水有關的風景」都需要讓水面的顏色一致！

在晴空萬里的日子裡，池面也是天空的顏色！

「湖泊」應該是最容易打造的「水畔造景」，自然的湖泊、沼澤或水壩這類堰塞湖以及公園的人造湖，都屬於「湖泊造景」的一種，但這裡想先問問大家，這些造景有何不同？在著手打造湖泊造景之前，讓我們先了解一下「湖泊、沼澤、池」有何不同吧。一般來說「湖泊」指的是中央部分深到湖岸植物無法生長的深度（通常超過五公尺以上），例如隨地殼變動形成的琵琶湖、諏訪湖或是屬於火山湖摩周湖或田澤湖，以及從砂洲發展而成的佐呂間湖與濱名湖，都屬於「湖泊」的一種，反觀水深較淺（五公尺以下），湖岸植物得以生長的地點稱為「沼澤」，而水壩這類人造的建設則稱為「池」。

要注意的是，上述這些定義未經法律或行政機關承認，所以將人造湖稱為「××湖」也不會犯法。打造湖泊之際，最需要注意的應該是「水面的顏色」。湖泊的位置與形成過程、水裡的養分，都會導致湖面的顏色產生變化，所以在打造湖泊這類造景時，千萬要注意與周邊造景的一致性。

point 1

種類	協調型		非協調型	
	A.營養豐富湖	B.營養不足湖	C.腐植營養湖	D.酸營養湖
分布	日本全國的平地（北海道泥炭地除外）	山區、北海道的平地（泥炭地除外）	泥炭地	活火山、硫黃泉較多的地區（例如東北地區）
魚類	豐富（鯉魚、鯽魚、鰻魚）	少	無	少
沿岸植物	豐富	少	多	少
水色	暗綠色、黃土色	藍色、深綠色	淡褐色、深褐色	深藍色、暗紅色
例子	諏訪湖、手賀沼	摩周湖、田澤湖	尾瀨沼	恐山湖

湖泊的種類有很多

雖然不用把左圖的專業術語全背下來，但湖泊所含的養分會導致於周邊生長或棲息的動植物有所不同，水面的顏色當然也會不一樣，所以在製作這類造景時，千萬要先想一下這部分。一般來說，打造都會區的湖泊時，可選擇A的「協調型、營養豐富湖」的暗綠色，山區的湖泊則可選擇B的「協調型、營養不足湖」的藍色或深綠色，這樣就不會有什麼問題。

point 2

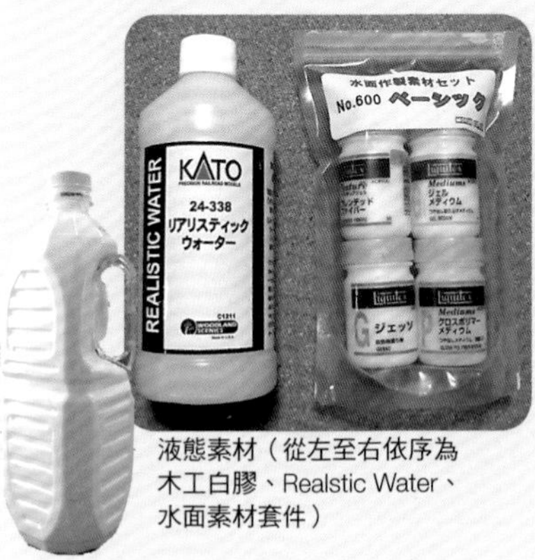

液態素材（從左至右依序為木工白膠、Realstic Water、水面素材套件）

善用液態素材

光是倒入液態素材就能打造自然的水面。照片裡的「Realstic Water」需要一整天才會硬化，製作水面的壓克力無酸樹脂則需要1～2天才會凝固。如果是使用加熱融化的EZ Water片或木工白膠，手腳就得俐落一點，因為大概10分鐘就會完全凝固。

point 3

液態素材的注意事項

使用液態素材時，要注意底座保持水平以及防漏措施。使用需要多點時間才能完全硬化的素材時，也要避免水面沾染灰塵。此外，EZ Water這種素材會「發熱」，所以千萬不能使用保麗龍當底座（會融化），也要小心被燙傷，而且這種素材本身偏黃，得另外上底色遮掩原本的顏色。

point 4

最後手段就是「畫圖」

若大部分的線路直接鋪設在底板上，導致不太能在底板挖洞時，最後手段就是「用畫的」。利用底漆補土蓋住底板的木紋，再利用壓克力顏料塗出水面的顏色。等到壓克力顏料乾掉後，再抹上未經稀釋的木工白膠，並且趁著白膠乾掉之前，用毛刷刷出波浪的紋路。

秘訣No.26　水面篇❸　海

保持鐵路模型場景的整體性 打造符合季節性的「海」！

在秋天夕陽之下，東京灣旁的小漁港

日本是四面環海的島國，許多日本人都有全家去海邊玩、挖貝殼或是與朋友去渡假村玩的經驗，不然也有衝浪或海釣這類休閒活動的經驗，也可能去過松島海岸、天橋立這類觀光景地，可見海就是這麼日常，卻又充滿魅力的題材。

若要以海為造景的題材，第一步要思考的是要打造什麼樣的海岸，若是自然風景，就屬沙灘或岩岸（懸崖）最為常見；若是人工風景，漁港、碼頭、棧橋較常見。製作者當然可憑自己的喜好設計海岸，但最好能與整個鐵路模型場景融為一體，或是與鐵路模型場景的季節相符，否則明明是布滿楓紅或黃銀杏的季節，海邊卻是海水浴場的景色，不就顯得很衝突嗎？

此外，也要注意海面的顏色。在鐵路模型場景裡的海面通常得是離海岸線近一點的位置，所以通常會是亮藍色，但這種顏色其實是暖流或黑潮的顏色，若想設定為寒流或親潮的場景，可加點綠色，將色調調得深一點。

point 1

2種水面貼紙（貼紙本身是透明的）

使用水面貼紙

雖然海的透明度高於湖泊，但製作模型時，都是使用液態素材，唯一不同的是，海還可以利用表面有波浪的「透明水面貼紙」製作。塗出海底的顏色後，再貼上這種貼紙就完成了。要注意的是，這種貼紙不一定能貼滿整個海面。

point 2

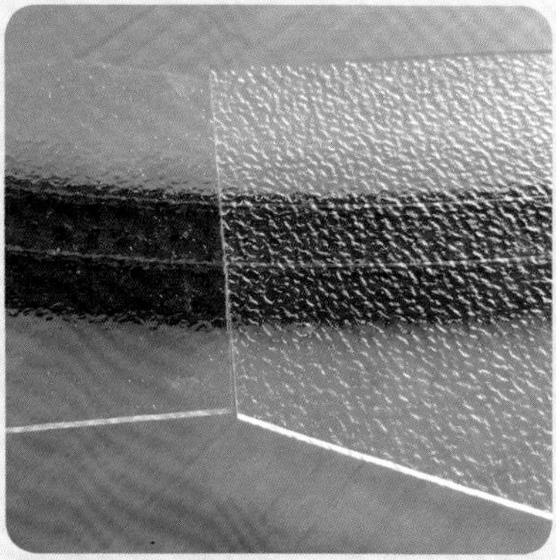
種類豐富的「毛玻璃壓克力」

使用毛玻璃壓克力

DIY商店是鐵路模型場景素材的寶庫，在這裡可以找到許多寶物，例如這次要介紹的「毛玻璃壓克力」就是其中一種。這種材質從A4到榻榻米的大小一應俱全，厚度也有2～5公釐的種類，特徵是一面平坦，另一面有很多凹凸的紋路。

point 3

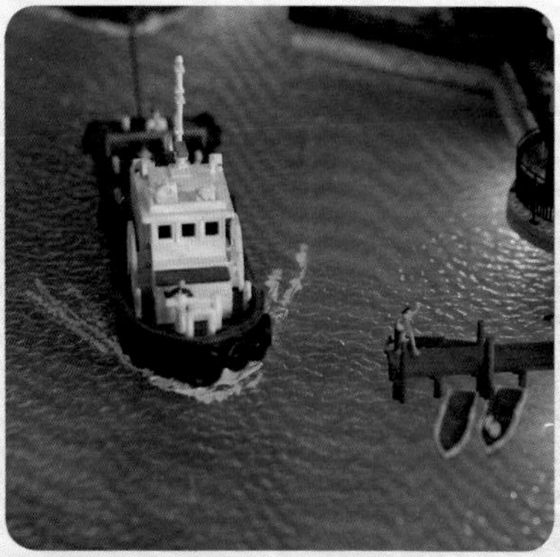
重視印象的「波浪」

讓印象更單純

以這個範例來說，作者似乎是採用「不拘小節，重視印象」的手法製作。範例的水色是先在水底塗抹濃度不一的藍色，再利用Point 2介紹的毛玻璃壓克力的平坦面當成表面來呈現，如此一來只要一打燈，就能營造「波浪」的質感。

祕訣No.27　水面篇❹　河　川

樣貌多變的「河川」忠實呈現「流速」！

（照片提供：J-TRAK）

河川也是鐵路模型場景畫龍點睛的造景之一。與湖泊、海洋不同的是，河川有「流速」，而且還分成「上游、中游、下游」，在在激發著創作者的靈感（這裡雖未明確定義「上游、中游、下游」，但是侵蝕與削切出溪谷的部分稱為上游；削切出河岸，形成河岸、河階或是在河畔與沙洲堆積沙礫的部分稱為中游；流速變緩，或是河道呈蛇行，到處堆積砂礫的部分稱為下游）。**其中最適合放入鐵路模型場景的就是中游，因為河口實在寬得放不進鐵路模型場景**。此外，打造河川的時候，會讓人也想打造溪谷、瀑布，或是搭橋，總之就是會讓人不斷地擴展構想。

接下來的說明雖然有點多餘，不過日本有「一級河川」、「二級河川」的分類，這種分類又有什麼不同呢？其實這跟河川的規模無關，由國土交通大臣指定，國家負責管理的河川稱為一級河川，一級河川的支流也是一級河川，哪怕這條支流只是條小溪，也會被歸類為一級河川。此外，河與川並不是法律或行政機關的用語，所以日本的河川統一稱為「川」。

point 1

河面呈藍色的御岳溪谷

川面呈綠色的面河溪

思考河川的顏色！

海通常是藍色的，湖泊則通常是深綠色的，但河川就不一樣，顏色可說是千變萬化，尤其上游的混雜物較少，顏色更是會受到周邊地質影響。左側照片裡的河為「藍色」，右側照片裡的河則為「綠色」，由此可知，下游的混雜物較多，所以也通常會是深藍色或深綠色。

point 2

精準重現河面風情的鐵路模型場景（NMRC河瀨）

製作河岸！

製作河川時，最先製作的是地形，接著是下列的順序。①塗出河底的顏色，②利用Realstic Water或木工白膠製作基本的水面，③在塗料乾掉之前，利用砂子或石頭打造河岸，④利用Water Effects或麗可得亮光凝膠劑呈現流速。若要將河岸打造成擋土牆，必須在基礎水面完成之前就先做。

point 3

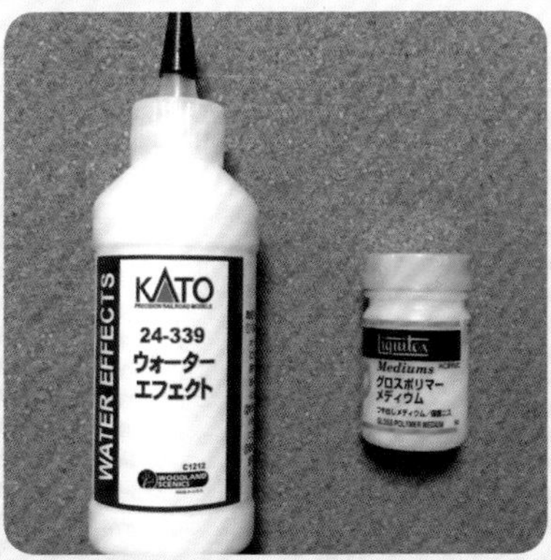

Water Effect與麗可得亮光凝膠劑

呈現流速

若如前述的說明，在水面塗抹Water Effects或麗可得亮光凝膠劑，就能利用毛筆或毛刷抹出「流速」的質感。若是較湍急的區段，可利用牙籤畫出較深的紋路。使用這類素材時，一次不要抹太厚，厚度最多不要超過2公釐，否則得等上好久才會乾燥。

祕訣No.28 水面篇❺ 其他

利用橋、瀑布、水壩、小船、渡輪為水景加分！

在東京灣航行的渡輪

作為渡輪碼頭使用的「日之出」棧橋

各有風情的河川、湖泊、海都有做成造景的價值，各自的看點也很豐富。

例如河川有溪谷、瀑布這類景點，也可以蓋橋或是另外增設水壩。如果是水壩，還可以加蓋發電廠，水壩本身也可以是人造湖，瀑布也可以注入湖泊。

此外，湖泊的湖面也能有渡輪或小船，如此一來也得另設棧橋，若是設了棧橋，就得再增設售票處或候船室，也可以增設餐廳或伴手禮專賣店。

蘆之湖與琵琶湖的渡輪與周邊設備就很氣派，應該很適合打造成模型。

這類設施應該可以在日本全國各地的港灣看到，而且渡輪比湖還大。不過，市售的成品之中雖有漁船，卻沒有渡輪，也沒有棧橋，渡輪與漁船的不同之處在於種類過於豐富，很難鎖定一種作為原型。

若要打造湖泊、海岸這類造景，務必試著增設棧橋與挑戰製作渡輪。

point 1

船會經過的位置都有燈塔！

台場棧橋周邊的特殊燈塔

若是打造海景，就「一定」會增設燈塔，湖泊則不一定，因為不會有「陌生的船隻進入湖泊」。不過燈塔的種類也有很多，例如航海專用的燈塔，或是像照片裡的特殊燈台，都能成為海邊引人注目的設施。

point 2

設計水門！

東京灣附近有許多水門

河川或運河的海附近都會設置水門，避免漲潮或颱風來襲時海水倒灌，最近也有水門相關的攝影集出版。地勢低矮之處的確需要水門，但是地勢明顯高於海面或河面的位置就不需要（因為無用武之地），所以要設置水門時，也要思考一下要在鐵路模型場景的哪個位置設置。

point 3

打造瀑布

稍微爬山健行一下，就能來到這座七代瀑布

打造瀑布的最大問題在於如何呈現水的流動，突顯這種水文的景色。通常會在透明纖維、塑膠板、塑膠繩這類素材的表面塗上木工白膠，模仿瀑布的質感，也可以使用MORIN公司最近推出的「水泡素材」呈現，而這種素材則是由聚酯樹脂粉末製作。

「橋」是鐵路模型場景最吸睛的造景 一起了解橋的種類與特徵！

橫渡東京灣的吊橋「彩虹大橋」，擺到鐵路模型場景的話規模太大了

我們常聽到「鐵橋」這個詞，但到底是「用鐵打造的橋」可以稱為鐵橋，還是因為「有鐵路經過」所以可稱為鐵橋呢？可見鐵橋這個稱呼的定義很不明確。其實不管是鐵路還是一般道路，只要是跨河或跨海的建築物都可稱為「橋」、「橋樑」，**若是跨越馬路或鐵路的橋則採用下表的稱呼。**

	道路的橋	鐵路的橋
橫跨道路	高架橋	架道橋
橫跨鐵路	跨線橋	鐵路橋

順便為大家介紹一下有關「橋」的基本用語（參考圖）。橋的兩側基點稱為**①橋台**，兩座橋台之間的間距稱為**②橋長**，壓在橋台上面的部分稱為**橋桁**，橋桁上方則是鐵路或一般道路。假設橋長過長，會中間配置**④橋墩**，橋墩與橋墩之間的距離稱為⑤跨徑。一如前述，橋可依照「跨過何物」分類，也可依照材質分成木橋、石橋、鋼橋、鋼筋水泥橋，但通常會依照橋桁的構造進行分類。

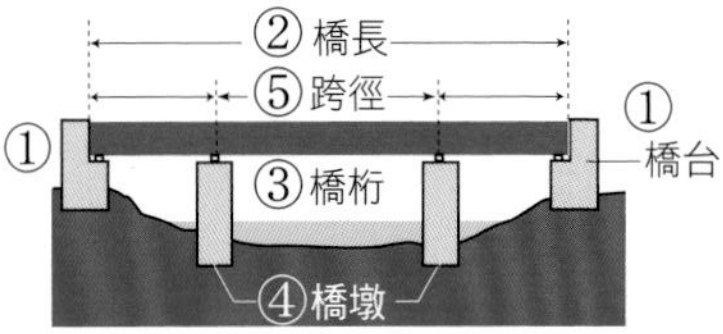

了解橋的構造

1.桁橋

隅田川大橋

桁橋又稱鋼鈑梁橋，是只在橋台之間架設橋桁的構造。橋的長度若在50公尺之內，都可採取這種構造，否則就要在橋檯之間設置橋墩。

2.桁架橋

東京隅田川鐵橋

在橋桁以多個棒狀構件組成三角形（所以稱為桁架）構造的橋。橋台之間會配置橋墩，連續的三角形也是這種橋的一大看點。

3.拱橋

駒形橋

這是向上彎出美麗弧線的橋，而且這種構造還很符合力學。一般會以鋼鐵打造，但早期是以石頭或磚塊打造。

4.拉麵橋

高架橋

拉麵橋源自德語「Rahmen」這個代表框架的單字，指的是橋桁與橋墩一體成型的橋，這種構造非常抗震，不過與日本的味噌拉麵一點關係也沒有。

5.吊橋

清洲橋

橋台有錨墩，也有兩座以上的主塔，橋桁是以塔間的懸索與懸吊裝置吊起來，這種構造通常用於建造大型的吊橋。

6.斜張橋

中央大橋

也是吊橋之一，但主要是直接利用主塔的懸索將橋桁吊起來的類型。斜張橋可依造懸索的張拉形式分成「豎琴式」與「扇狀式」（照片裡的構造）這兩種。

祕訣No.30 水面篇⑦ 橋

有很多充滿魅力的「橋」小型的「橋」也很值得欣賞！

總武線列車行經的兩國橋。這個規模很難放進鐵路模型場景裡

製作鐵路模型場景通常會想配置「橋」這類造景，但鐵路模型場景的空間有限，不太可能配置大型吊橋或斜張橋，如果是不太寬的道路或河川，配置桁橋（鋼鈑梁橋）或許比較適當，若河面較寬，則應該配置桁架橋。在現實世界與模型世界都最常見的桁橋主要分成兩種，一種是橋的構造完全在鐵軌下方的「上承式橋」，另一種則是橋的構造完全在鐵軌上方的「下承式橋」。如果要配置的是跨過鐵路的橋，就必須在位於下方的鐵路與橋底之間預留空間，所以下承式橋會是比較好的選擇。此外，也有「鈑梁橋」這類市售的商品，這是一種以鋼板與型鋼組成板面，藉此支撐鐵路構造的橋，所以才稱為鈑梁橋。此外，也有放棄板面構造，直接以I型鋼打造的「I型鋼梁橋」。有鋪石碴的橋可減少自身重量，所以建造成本較低，石碴也能吸收橋桁的振動。之前雖然較少採用這種工法，但近年來噪音問題愈來愈嚴重，所以通常會將橋改成鋼筋水泥的材質，再鋪上石碴。

point 1

桁架橋最適合於鐵路模型場景配置

一般常見的橋

桁架橋的外觀很氣派，也有許多市售的產品，很適合多座桁架橋接在一起，或是在桁架橋上面加裝一些配件，讓桁架橋變得更長、更壯觀。但要注意處理列車在桁架橋脫軌的問題。雖然可以從桁架橋的縫隙用手指撈出列車，但最理想的方式還是將橋本身打造成可拆卸的構造。

point 2

小型的橋也能營造氣氛

小橋也很有魅力！

桁橋可配置在鐵路模型場景的任何位置，例如要跨河時，可採用「下承式橋」；要跨過農業用水與圳道這類「小河」，或是跨越單線車道這類小路時，則可採用「上承式橋」。市面上都有這兩種形式的產品，但如果要打造的是「超迷你橋」，直接使用版軌也是一種選擇。

point 3

小型拱橋也很有魅力

小型拱橋也有萬種風情

或許一提到拱橋，大家會想到前一節那種鋼鐵大橋，但其實也有用石頭或磚頭打造的拱橋，例如日本碓冰峠的眼鏡橋就是一例，而且還充滿了藝術氣息。要打造這種規模的拱橋或許沒那麼容易，但如果規模再小一點就不難打造，使用的素材就是隧道入口模型場景配件。將這個配置的下半截切掉，再塗上紅磚色，小型拱橋就完成了。

專欄5

可試著在建築物上多花點心思

山川草木這類自然景觀在鐵路模型場景占有很大的比重，但大樓、住宅這類建築物當然也是非常重要的元素。

尤其是在市鎮或郊區住宅這類造景裡，建築物與道路通常會占據底板一塊不小的面積。

要打造建築物比重較高的風景，必須注意整體比例的平衡，例如建築物的顏色或方向要一致，或是建築物的細節要足以充當景物。說得更直白一些，就是不要把花時間琢磨細節的建築物，與像玩具的建築物擺在一起。

本書只介紹了一點讓建築物變得更精彩的祕訣。

上海南京東路的點燈夜景

雖然模型雜誌也介紹了很多這類祕訣，但本書選擇從實際的建築物有哪些常識與限制事項的角度，介紹在打造鐵路模型場景之際，需要格外注意的細節。

此外，一提到建築物，大家或許會立刻想到大樓或獨棟住家，但其實本書還挑選了許多不怎麼起眼的建築物，提供給大家參考。

建築物篇

祕訣No.31　建築物篇❶　大樓

為了避免大樓變成「溫室」替每一層加裝樓板

圖中是TOMIX的商業大樓模型，拿掉屋頂就會發現是中空的構造

有鐵路就有車站，有車站就有市鎮，而市鎮之中，有各式各樣的建築物。建築物蓋好後，當然會想在室內點燈，不過，只是在大樓樓頂加裝燈泡或LED，就算點燈了嗎？等等！這棟大樓有幾層樓？每一層都有地板與天花板嗎？

許多市售的成品或組裝套件都沒有「樓板」（參考上圖），所以一點燈，整個室內燈火通明，感覺就像是一個巨大的房間。換言之，就像是「植物園的溫室」，這樣不太好看，所以讓我們試著在各樓層加裝樓板吧。

如此一來，如果這棟大樓共有五層，就至少需要五個光源。早期只能以「燈泡」作為光源，但燈泡其實很耗電，而且還會發熱，也很容易不亮，所以改用光纖為每層樓鋪設光源。

不過，最近「**LED（發光二極體）**」變得很便宜，**建議大家改用這種不太耗電、不會發熱又能**一直發光的光源。如果採用的是LED，在每層樓鋪設光源應該也沒問題才對。

point 1

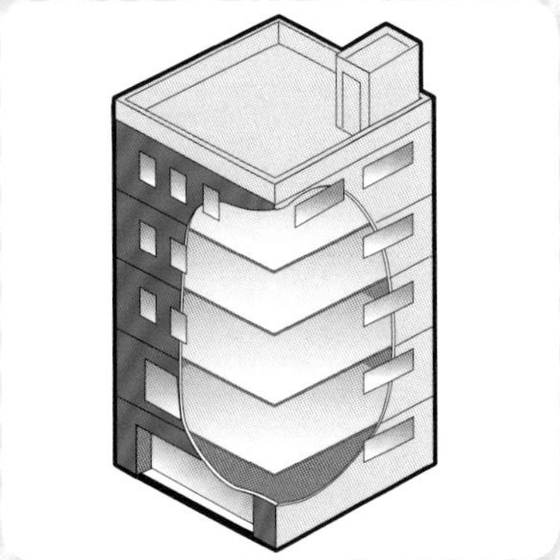

在各層安裝樓板（天花板與地板）

什麼素材都可以充當樓板！

什麼素材都可以當作樓板使用，例如厚紙板或塑膠板都是不錯的素材，唯獨不要使用太薄的素材，以免一點燈，光線就透過素材。此外，若以燈泡為光源，建議別讓燈泡與大樓的側面或樓板的塑膠板直接接觸，因為燈泡亮太久會發熱，建築物的素材也可能因此變形。

point 2

善用光纖！

雖然在每個樓層鋪設光纖，就能讓單一光源進到各個樓層，但最近更常見的光源是LED。話雖如此，也有光纖特有的應用方式。照片裡的造景是海上小屋，渡橋底下與水面交界之處有一顆顆小燈，而這類光源就是利用光纖鋪設的，右側的照片則是背面的配置情況。

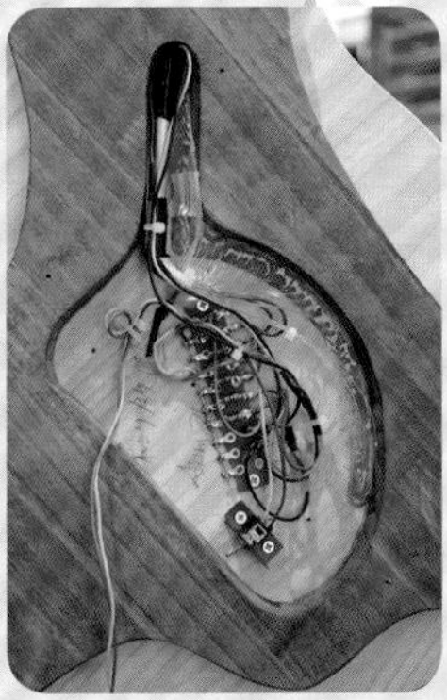

point 3

天花板應該打亮，地板應該變暗！

室內的電燈（日光燈）當然是位於天花板，所以室內的上方應該打亮，地板的部分應該變暗，而為了讓光源順利擴散，天花板應該選擇較亮的顏色，例如塗成銀色或是貼一張揉得皺皺的鋁箔紙都是不錯的做法。此外，地板應該選擇暗色系的顏色以及霧面的材質，才能避免光線反射，這麼一來也能掩飾明明是辦公室，卻沒有桌子與椅子的問題。

point 4

最先進的技術？LED晶片

如果是昭和時代的火車模型，頭燈一定是米粒燈泡，但進入平成年代之後，LED燈就變得很便宜與普及，而且最厲害的燈源莫過於LED晶片，因為這種光源非常小，邊長只有1公釐而已。近年來，各家廠商都推出了不同形狀的LED晶片，建議大家視用途去選購適當的LED晶片。

秘訣No.32 建築物篇❷ 大　樓

想像大樓的「隔間」打造真實的「外觀」！

仔細觀察大樓的四個面。西北面（左圖）、東南面（右圖）

前一節帶著大家替大樓安裝樓板，但其實這樣還不夠。

因為不管是商業大樓、住宅大樓都會有樓梯、走廊、電梯這類公共空間，而這些構造與辦公室或住宅之間都會有牆壁。

Point 1的「各樓隔間」是以上方照片的大樓為例，不過本節的目的不是要帶大家「設置隔間」。樓梯與走廊都位於較深的位置，所以無法從正面看到，如果大樓內的隔間真與Point 1的示意圖一致，那麼照片裡的大樓設計就會顯得有些奇怪。

舉例來說，電梯的位置不該有窗戶，樓梯的空間、廁所、茶水間的窗戶也不該這麼大。

若想忠實地重現實際的大樓，這些窗戶不是該取消，就是該縮小，但是在打造鐵路模型場景的街景時，往往會讓好幾棟大樓排在一起（所以除了正面以外的窗戶都看不到），所以不需要這麼講究，但先把這個概念學起來，日後或許就能派上用場。

point 1

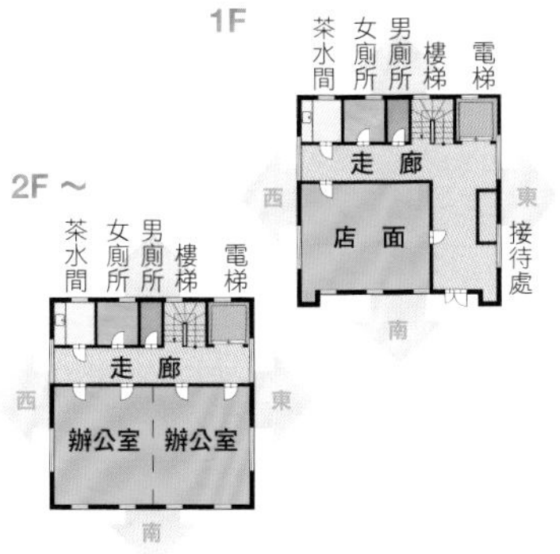

一般的各樓層間隔圖

隔間的設計！

這棟大樓共有五層樓，地板的形狀接近方正，有電梯也有樓梯。一般來說，從正面的入口進入這些設備之後就能走到底。此外，每層樓都有廁所與茶水間，所以在較深的位置配置走廊，再將電梯、樓梯、廁所、茶水間排成一排。

point 2

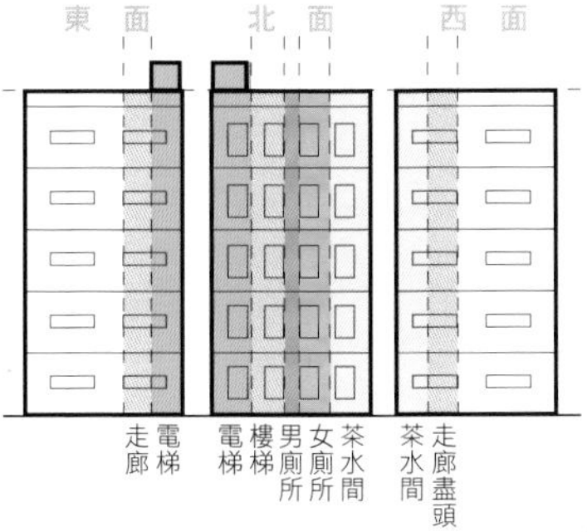

隔間規劃完成後，要記得想想窗戶的配置是否合理

注意大樓的外觀！

這棟大樓的四面都有窗戶，若以南面為正面，各面分別為東面、北面與西面的話，各面的窗戶就會如圖2的方式配置，但這麼一來，本該是電梯與樓梯的位置就會出現窗戶，廁所與茶水間的窗戶也太大。此外，突出屋頂的部分一定得位於電梯正上方才合理。

point 3

大樓的隔間要靠平常的觀察與想像力設計

在此列出的「隔間」說到底只是僅供參考的範例，大家可利用產品的附屬零件打造不同的隔間，也可以將茶水間配置在辦公室裡面，每一層也不一定非得有廁所。如果平日有機會走進大樓，建議大家多觀察實際的隔間，吸收各種隔間的設計概念後，就能從大樓的外觀想像隔間的構造了。

point 4

從不該有的窗戶透出燈光很不自然

剛剛提到，在規劃隔間時，要想想「有沒有不該配置的窗戶」，但如果與其他建築物相鄰，窗戶是看不見的，也就不用特別堵住窗戶的開口。只是若要在建築物裡面點燈，還是要堵住窗口，否則燈光會從窗口透出來，看起來就像是兩棟相鄰的建築物之間正在發光。所以就算不堵住窗口，也要記得別讓燈光透出來。

祕訣No.33　建築物篇❸　招　牌

可根據設計概念採用不同素材 利用戶外招牌讓大樓更顯真實！

①利用智慧型手機將招牌拍成照片並列印出來，就能當成很棒的招牌設計使用！
②可利用手機吊飾或鑰匙圈充當立體招牌！
大黑屋
きくや

花俏的招牌。新宿西口的居酒屋街（左圖）與設有活動螃蟹招牌的道頓堀（右圖）

替商業大樓內部的各樓層安裝樓板、隔間與電燈之後，接著還要裝什麼呢……？答案就是戶外的招牌吧？不管是不是成品套件，各種市售招牌產品都內含不同業種的公司名稱、商品名稱或商標的貼紙，建議大家善用這類產品打造需要的招牌。

在裁切貼紙時，務必利用尺抵著美工刀切。將貼紙貼在廣告燈板或是大樓窗戶之前要先對好位置。此外，將廣告燈板塗成貼紙（廣告）的色調會更有宣傳效果。

雖然市售的貼紙是完成度很高的模型素材，但如果想進一步營造「真實感」，那當然要使用實物。

現在可真是方便的時代，只要用智慧型手機拍張照片，再用電腦後製一下，然後印在摩擦轉寫帶或標籤紙上，就能做出接近實物的招牌貼紙。

除了實物的照片之外，報紙的折頁廣告也很值得參考。在街邊發送的傳單、小手冊或資訊雜誌都能在這時候派上用場。

point 1

商標與標誌可依照實物的比例縮小製作

靈感來自實物！

照片裡的各種廣告看板、商標的靈感都來自實物。有些是利用數位相機拍攝，有的則是掃描傳單與小手冊的圖檔，只要大小合適，就能直接使用。要注意招牌與大樓的形狀是否吻合，否則不管大樓有多麼氣派，招牌有多麼華麗，一旦兩者的業種不一致，就顯得很滑稽可笑了。

point 2

某些實際的商標與標誌不能使用

似曾相識的街景

市售的公司名稱或商品名稱的貼紙都給人一種「似曾相識」的感覺。日本的公司名稱或商品名稱都有所謂的「設計專利」，所以這些市售的貼紙也不能隨便使用。如果只是個人使用，則沒有侵犯專利的問題，但如果這個鐵路模型場景會於特定的商業設施或公共設施公開陳列，就必須注意侵害專利的問題。

point 3

廣告看板不一定是平面的！

安裝在大樓樓頂或側面的廣告看板不一定是平面的，例如標題下方的照片裡，就有螃蟹與蝦子造型的招牌，最近也看過卡拉OK店在入口擺放了大猩猩或龍的招牌。這些素材可利用手機吊飾或鑰匙代替，螃蟹或蝦子的招牌則可在大阪的伴手禮專賣店找得到！

point 4

廣告立牌也是不錯的選擇！

廣告看板不一定非得安裝在建築物或牆壁上，可試著在店門口、附近的十字路口擺放廣告立牌，或是在鐵軌底下配置寫有店名的旗子。廣告氣球也是不錯的選擇，不過要在馬路設置這些廣告的話，得先向警察申請道路使用許可，如果要在鐵軌底下配置，則必須向各縣市的公共團體申請使用許可，因為鐵軌屬於公共設施的一種……。

在凹凸面塗上漆料 打造張力十足的建築物

城堡的石牆
①讓凸面變亮，凹面變暗！
御茶水的紅磚牆
②在牆面製造明暗！
東京車站的紅磚牆
磁磚牆面的建築物

最近市售的建築物模型愈做愈精緻，有的甚至會在外牆塗一層風化效果漆，讓人不禁覺得最好別自己亂加工。直接使用這些模型當然沒問題，但其實這類模型還是有些地方可以「美化」一下。

不管是建築物的紅磚、磁磚牆面、堤防還是擋土石牆，表面都是凹凸不平的，而在長期接受日照後，凸面會變亮，凹面會變暗，而且即使材質相同，在經年累月接受日曬後，各凸面的色調還是會產生些許的差異，不過模型就不會這樣，因為大部分的模型都放在室內，所以最常接受的光源是日光燈而不是自然光，而且光源通常來自很多個方向，也就不太會產生上述的明暗落差。

由於明暗落差不夠明顯，所以我們要「美化」一下凸面與凹面。具體的做法就是在凹面抹一點暗色系的顏色，並在凸面塗一點同色系的顏色。若只盯著美化的部分，或許會覺得顏色的對比太明顯，但前面也提過，鐵路模型場景通常是放在日光燈底下的，所以稍微加強對比，才能營造更具張力的視覺效果。

point 1

製造陰影！

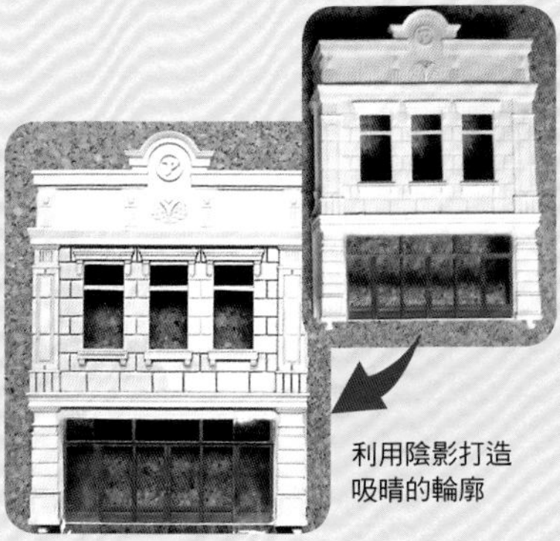
利用陰影打造
吸睛的輪廓

這次使用的是需要一段時間才會完全乾燥，在乾燥之前還來得及擦掉的珐瑯漆。先以溶劑將這類珐瑯漆稀成一半的濃度，再於模型表面塗抹，珐瑯漆就會自然往凹面擴散，接著在珐瑯漆乾燥之前，用棉花棒擦掉殘留在凸面的珐瑯漆。建議使用霧面的黑色或暗褐色的珐瑯漆。

point 2

使用乾筆法！

利用乾筆法營造重點（上圖）。若是順便刷暗顏色，會更逼近真實的質感（下圖）

這部分也可使用珐瑯漆，但稀釋的方法與平常一樣。讓畫筆的筆頭吸附珐瑯漆之後，可先擦乾筆尖的珐瑯漆，直到刷出來的顏色變得非常淡為止（可使用餐巾紙或廣告紙的背面擦拭，但不可使用報紙）。接著以這枝畫筆輕輕刷凸面，讓僅存的珐瑯漆沾上去。下方照片是以乾筆法製造陰影的效果。

point 3

了解漆料的特徵

拉卡漆（Lacquer）很快乾燥，通常用於基本塗裝，水溶性的壓克力水性漆雖然好用，但乾燥之後，就沒辦法再調開，使用上要特別注意。珐瑯漆不會侵蝕拉卡漆或壓克力漆的塗裝面，也要一段時間才會乾燥，隨時都能擦掉，所以很適合用來製造陰影或是利用乾筆法塗抹。拉卡漆或壓克力水性漆也能使用乾筆法塗抹。

point 4

塗裝前要洗乾淨！

不管是成品還是套件，在塗裝前都要先以中性洗劑洗乾淨。有些市售品的表面會有一層油，若不先洗掉就上漆，漆就會脫落，也沒辦法上得很均勻。洗乾淨之後，記得等到表面徹底乾燥再上漆。如果縫隙或角落有殘留一點點水氣，漆就上不去，形成「突兀的未上漆區塊」。

祕訣No.35　建築物篇❺　住宅

稍微改造市售的建築物模型 打造具有時代感的鐵路模型場景

①改造市售品，讓市售品更為精緻！
②了解屋頂、牆壁、屋瓦的特徵！
みにちゅあーとキット
情景シリーズ
モダン喫茶
04

也有HO軌版本的市售套件

車站或商圈是大樓林立的地段，而住宅區通常是獨棟住宅、商店或小型公寓叢聚的地區。有許多廠商推出了N軌的各種建築物商品，HO軌塑膠模型也有歐美製的產品，但日式建築物的種類卻很少，而且還很貴。若以相同面積的鐵路模型場景計算，N軌的面積為HO軌的4倍，所以建築物的量也要準備4倍。

本節介紹的是「SANKEI」公司的「摩登喫茶」組裝套件。這個「微型世界套件」有HO軌與N軌的版本，素材則包含已上色的紙、窗框，價格也很親民，非常期待後續推出的產品（尤其是HO軌的版本）。

各零件都由澆道固定，玩家可利用美工刀切斷，再依照說明書的步驟組裝。黏著的部分可使用木工白膠。

若要在固定式鐵路模型場景安裝，可使用竹籤在銜接處抹一點木工白膠，但如果是要在組裝式鐵路模型場景安裝建築物，那麼不管是黏死，還是做成可拆卸的，都要用角材強化四個建築物的角落。

point 1

RM MODELS ARCHIVE
NEKO MOOK 1364
建物模型工作
～Nゲージ建築施工入門～
江頭 剛 著
NEKO PUBLISHING CO.,LTD.
對建築物特別講究的人一定要參考這本書

如果是想進一步美化N軌建築物的玩家…

市面上有許多既成品或套件的N軌建築物模型，而且種類非常多，完成度也很高，所以大部分的人都覺得這類模型已沒有進一步美化的空間，但其實還是有許多可以改善的部分，有興趣的讀者可參考《建物模型工作》（江藤剛著、NEKO PUBLISHING出版）這本書。

point 2

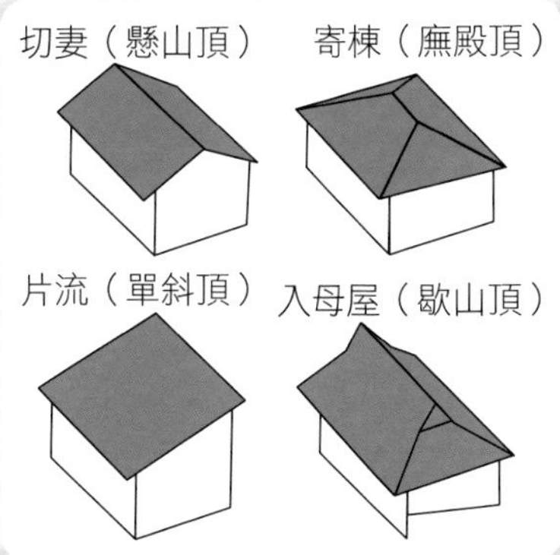
切妻（懸山頂）
寄棟（廡殿頂）
片流（單斜頂）
入母屋（歇山頂）
基本的屋頂形狀

屋頂的基礎知識

日本房屋的屋頂都有專屬的名稱，有些產品也直接使用這類名稱命名，所以也通常會使用這類名稱介紹產品或製作方式。應該有不少讀者都聽過這類名稱，在此只為大家介紹一些基本的屋頂，提供大家參考。

point 3

牆壁的素材是什麼？

若是昭和年代，獨棟住宅的外牆以砂漿牆為主流。進入平成年代後，則進化成「纖維水泥板」這種以水泥、纖維混成的板子，差不多有七成以上的獨棟住宅新建案都會採用這種外牆，這種外牆的紋路也很多種，例如磚塊、磁磚或木紋。如果想打造現代的建築物，可使用清爽的色系；若想打造昭和復古風的建築物，則可試著在外牆添加一點風化紋路。

point 4

屋瓦的素材是什麼？

獨棟住宅的屋頂有四成是「瓦片」。瓦片大致分成三種，一種是以黏土製作，成型後，施以釉藥，再放入窯中燒製的陶器瓦；另一種是不施釉藥，直接放入窯中悶燒（燻製）的銀燻瓦；最後一種則是利用水泥製成需要的形狀再上色的水泥瓦。適合獨棟建築使用的是陶器瓦，因為表面的釉藥是玻璃材質，可防止漏水，也不會因為使用過久而劣化。

祕訣No.36　建築物篇❻　方位

獨棟住宅或大樓應該「座北朝南」打造住宅區時要考慮方位的問題！

由於陽台與庭院都朝向前景的方位，所以前景的方位應該就是南側

商業大樓林立的鬧區或許不需要考慮方位的問題，但以獨棟住宅、大樓、公寓為主的住宅區卻不能不重視方位的問題，而這主要是受到日本住宅以「座北朝南」為好方位的概念影響。

以獨棟住宅為例，緣廊或庭院通常會面向南方，如果是大樓的話，則會讓陽台朝向南方，所以在鐵路模型場景配置這類建築物的時候，原則上要讓這些建築物朝向同一個方向，並將這個方向定為南方。

話說回來，**這或許也是各底板的正面都是「朝向南方」的原因吧。**

此外，日本都市計畫法也針對都會區的住宅區、商業區、工業區制定了「用途地域」這項制度，例如「住宅專用地域」就不能興建非住宅的建築物，就算真的興建了，也必須遵守相關規範。

雖然「鐵路模型場景」不用真的遵守那麼嚴格的法規，但在規劃住宅區的時候，盡可能注意實際的街道是根據上述規則建立的這件事吧。

point 1

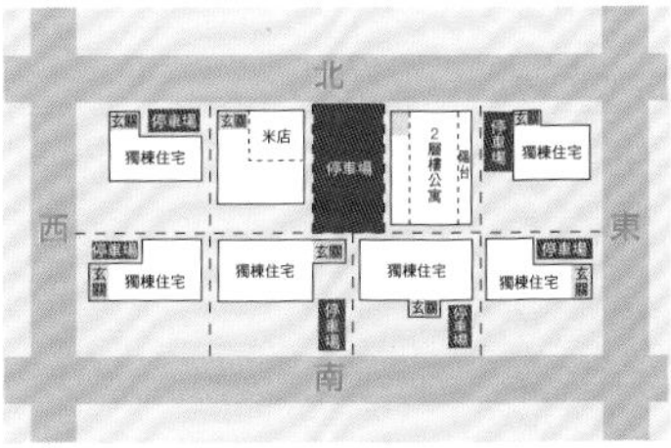
北
玄關
停車場
獨棟住宅
米店
停車場
2層樓公寓
陽台
西
東
獨棟住宅
獨棟住宅
獨棟住宅
獨棟住宅
南

住宅區的規劃要為居民著想

某個區塊的建築物狀況

某個區塊面向大馬路的南側配置了許多獨棟住宅的庭院或大樓的陽台，但另一邊的北側又可以如何規劃呢？例如北側可以配置樓板面積較小的公寓、套房與停車場，也可以配置一些便利超商或小型店面，之所以將商店配置在北側，是因為商品有可能因為日曬太強而腐敗或受損。

point 2

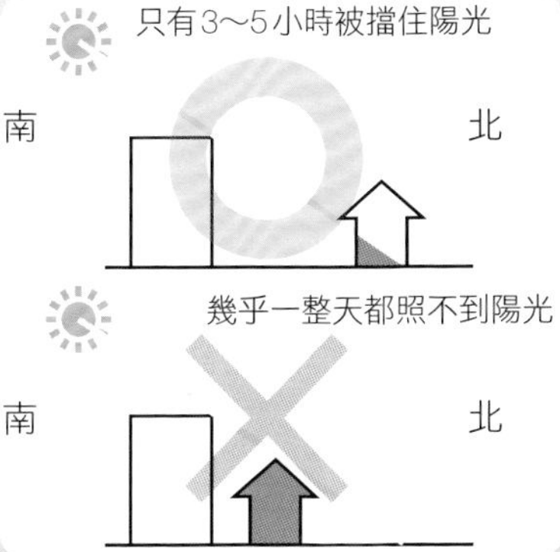
只有3～5小時被擋住陽光
南
北
幾乎一整天都照不到陽光
南
北

不能完全擋住陽光

應該遵守的規範1「日影規範」

假設南側有棟五層樓的大樓，卻在北側蓋了一棟緊鄰的獨棟住宅，就違反規定了，因為日本建築基準法的「日影規範」規定，只要是位於「住宅專用地域」的住宅，不管是7公尺（低樓層）還是10公尺（中高樓層），都必須有足夠的日照時數，所以這兩棟建築物實質上是不可能背靠著背蓋在一起的。

point 3

應該遵守的規範2「道路接地義務」

「道路接地義務」是指當道路寬度超過4公尺，建築物與道路相鄰的長度必須超過2公尺的規定。建築基準法定義的「道路」為寬度達4公尺以上的道路，某些特定地區的規定則為6公尺以上，不過在1950年建築基準法實施之前就已有建築物於兩旁林立的道路則有可能不達4公尺，此時從道路中心線往兩側起算的4公尺均屬於道路的範圍。

point 4

應該遵守的規範3「不可建造的建築物」

「用途地區」分成13種，其中8種規範了建築物的種類。第一種低層住宅連便利超商都不可進駐，第二種低層住宅只允許150㎡的店面進駐；第一種中高層住宅可進駐500㎡的店面或醫院，第二種中高層住宅則可容許1500㎡的小型超市；第一種居住地域連3000㎡的旅館都可進駐，而第二種居地住區之後才能進駐卡拉OK或柏青哥店。

祕訣No.37　建築物篇⑦　工　廠

一般工廠與綜合生產工廠都很吸睛 可提升鐵路模型場景的充實度！

這是配置了綜合生產工廠的鐵路模型場景（照片提供：J-TRAK）

大型油槽、煙囪與無數管線與大樓林立的都會區或公寓、獨棟住宅叢聚的住宅區是完全不同的景觀，但工廠，尤其是石油、化學的綜合生產工廠非常有魅力，甚至日本各地還興起了參觀的旅遊行程。如果是有一定規模的鐵路模型場景，絕對建議劃出一塊配置這類工廠的區域。

話說回來，就近觀察綜合生產工廠，真的會為其規模與複雜度所震攝，不敢真的將這類場景放進鐵路模型場景。話說回來，許多製造商都推出了相關的素材，而且也不用仿照實物安裝所有管線，因為我們打造的是「鐵路模型場景」，所以只要「截取」我們喜歡的場景，再利用素材組裝就夠了。

不過只是用素材組出近似的場景，恐怕還有點不過癮，因為管線不只在白天吸睛，在夜晚也很有魅力，所以若能適度加裝電線或電子零件，就能打造出迷人的夜景。

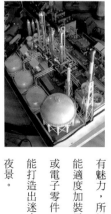

point 1

（照片提供：林業鐵路）

加裝一些電線與電子零件，營造點燈的氣氛

加裝電子零件，就能營造出左圖的感覺。鐵路模型場景當然不需要模仿實物在每個角落安裝電子零件，但可以選擇配置一些LED燈，營造點燈的氣氛。如此一來，就能打造出夢幻般的空間，也能提升鐵路模型場景的氣氛。

point 2

（照片提供：林業鐵路）

要有維修人員檢查配管嗎？

前面雖然提到了「適度加裝電線或電子零件」這點，但只要不是專家，根本看不出這些管線的用途，所以有可能專家一看就會說「這裡的配管有問題」。如果擔心這個問題，可試著在不同的位置配置維修人員，營造維修人員正在維護管線的景色。

point 3

（照片提供：林業鐵路）

工廠內部的鐵路要配置什麼列車？

工廠雖是極富魅力的造景，但終究還是「鐵路模型場景」的一部分，所以還是要配置鐵路，而且鐵路是位於工廠旁邊還是位於工廠內部，上面的列車都會不一樣。如果是位於管線之內的鐵路，上面的列車當然是油罐車囉。

祕訣No.38　建築物篇❽　燈光

加入燈光，提升鐵路模型場景的質感

在車站、街上、車上點燈！

高槻N軌俱樂部的鐵路模型夜景

鐵路、馬路、山、河川、建築物都完成了！能做到這個地步，鐵路模型場景已經算是很完美，但大家想不想進一步提升鐵路模型場景的質感呢？既成品的列車除了可以加裝車頭燈，也可以在車廂內點燈，當然也可以在鐵路模型場景的其他角落配置燈光。不過配置燈光可是一大工程，必須從設計階段就開始規劃，建築物的燈光則可參考祕訣31～32。讓我們替車站、街上與車裡點燈吧。

昭和時代的燈光幾乎都是燈泡，而燈泡會在點亮之後發熱，所以不太可能在鐵路模型場景的每個角落安裝燈泡。不過現在已經有不會發熱的LED燈，顏色也很齊全。

站前或商圈的招牌通常不會一閃一閃的，但如果是鬧區或主要幹道的柏青哥店，燈光就會非常炫麗。或許大家會覺得，不太可能在鐵路模型場景配置這種閃爍的燈光，但其實使用掛在聖誕樹上的閃爍燈，就能輕易打造鬧區霓虹燈的景色。

建築物篇❽

point 1

忠實呈現實物質感的點燈

聚光燈！

除了在建築物的室內與街上安裝燈光之外，也要營造更有效果的「照明」。左側是使用市徽前方的LED燈打光，呈現聚光燈效果的照片。雖然日本高槻市市政府的招牌比照片裡的模型還大得多，但整體的質感就與照片裡的模型如出一轍。

point 2

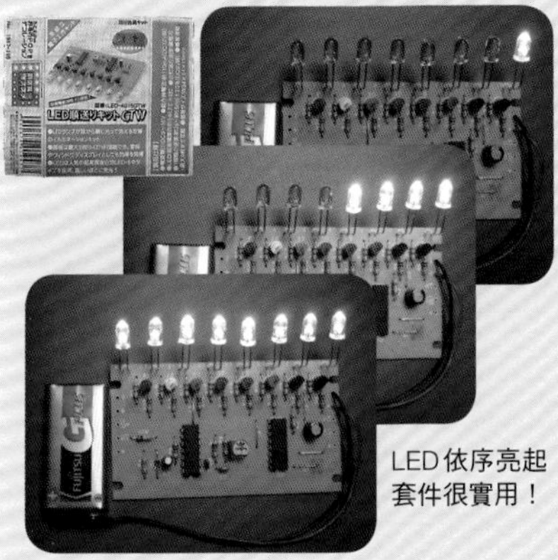

LED依序亮起套件很實用！

閃爍的霓虹燈招牌！

「LED依序亮起套件GTW」可讓8顆LED燈依序亮起，再一同熄滅。若是在屋頂或屋簷安裝這種套件，並且只讓LED燈超出屋頂，接著用招牌罩住LED燈，「會閃爍的霓虹燈招牌」就完成了。8顆LED燈不一定要全用，若是以並聯的方式接電線，還可製作出16個依序點亮的LED燈。

point 3

也有會變色的LED燈！

LED燈有白色、紅色、藍色與其他顏色的種類，也有會「不斷變色」的種類。亮度雖然不如街上的霓虹燈鮮明，卻是趣味十足。這種會變色的LED燈除了可用來製作一般招牌或霓虹燈招牌，用來打造公園的噴泉也是別富趣味。以光纖打造噴泉主體，再以變色LED燈從下方打燈，就能打造一座顏色會有七彩變化的噴泉。

point 4

電子材料行是素材的寶庫！

上述的「LED依序亮起套件」或「變色LED燈」，都是在大阪MINAMI的日本橋到惠美須町之間的電子材料街購買的。東京的秋葉原也有類似的地方。這些素材的進化速度很快，昨天還有庫存的素材，到了今天可能就變成絕版品，所以若遇到「非它莫屬」的素材，就立刻購買吧。

祕訣No.39　建築物篇⑨　接縫

組裝式鐵路模型場景的瓶頸「底板的銜接處」除了建築物，還要利用其他方法遮掩！

①利用月台遮住底板的接縫！
②若完全不加以掩飾，接縫會很礙眼！

在底板銜接處加裝魚尾板的名古屋模型鐵路俱樂部（NMRC）的底板

固定式鐵路模型場景的建築物都會以黏著劑黏死，但平日都是收在櫃子裡，要展示才拿出來的組裝式鐵路模型場景，就不會把建築物黏死，通常都是做成拆卸式的，否則會很難收納，搬運的時候也容易碰撞受損。

不過組裝式鐵路模型場景的一大缺點就是底板之間的接縫，**如果能把接縫處當成建築物的「預定建地」，之後就能以建築物蓋住接縫。**要注意的是，若是拆卸式的建築物，建築物就只是「放在」底板上面，隨時都有可能位移，所以要花點心思固定在建築用地上。

鐵路模型場景組裝完成後，會有許多擠滿建築物的位置，例如車站周邊、月台或車站本身，所以不用太在意接縫的問題，一堆大樓林立的位置也看不太到接縫，不過河川、水池、大馬路很有可能被底板的接縫分成兩半，此時就很難遮住「接縫」，所以一開始要先做好「都市計畫」，才能避免接縫出現在這些位置。

point 1

有時就是會剛好出現在道路中間

注意道路的接縫

如果馬路的位置剛好有接縫，該「接縫」是絕對遮不掉的。雖然可在接縫處塗上斑馬線或汽車的停止線遮掩，但基本上，馬路還是明顯被「截成兩半」。KATO的DioTown的馬路是以中央分離線銜接，所以接縫不那麼明顯，建議大家積極採用這種馬路。

point 2

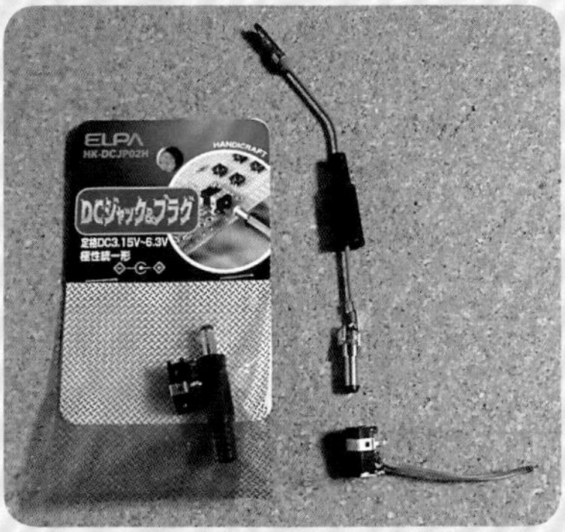

在建築物的電燈加裝插座與插頭是非常理想的方式

使用DC電源插座與插頭！

安裝拆卸式電燈（LED）的時候，可使用拆卸式調光器。除了使用模型製造商推出的各種套件之外，也可以去DIY商店或電子材料行找找看。最建議使用的是「DC電源插頭與插座」。將插座安裝在鐵路模型場景的建築用地上，再將插頭安裝在建築物上，就能同時達成供電與固定建築物的目的。

point 3

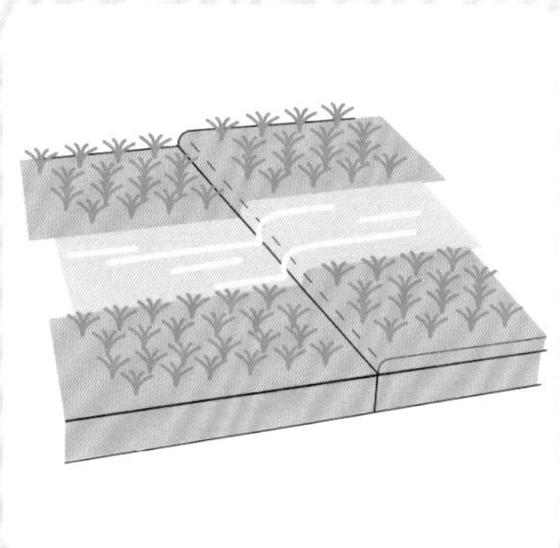

利用河川的高低落差掩飾接縫

河川造景也可遮住接縫！

平坦的河面雖然遮不住接縫，但是有高底落差的堰（例如高度達30公分的瀑布）就能遮得住。此時的河面可使用Realstic Water製作，瀑布的部分則可使用透明塑膠，垂直的水流紋路可利用焊錫製作，若能進一步以MORIN公司的「水泡素材」美化一下，看起來就天衣無縫了。

祕訣No.40　建築物篇⑩　車　站

在鐵路模型場景配置個性鮮明的「車站」改造既成品，營造真實感！

①鐵路模型場景的月台長很難與實物一樣
②車站本身也很有特色！
十分車站
Shihfen Station
自製的話，當然會想製作個性鮮明的車站。照片為台灣的十分車站

說到「車站」會讓人想到月台、車站本身、跨線橋，就算是鐵路還沒電氣化的鄉下車站，規模也不會太小。N軌有許多與車站有關的產品，小至鄉下車站，大至新幹線的高架車站都一應俱全。反觀HO軌的產品線就沒那麼豐富，目前雖有歐美國家生產的塑膠模型，但日本車站的部分只有HIRUMA MODEL CRAFT公司生產。其實HO軌的鐵路模型場景原本就會因為面積不夠，無法配置都會區的車站，即使是十輛編制的列車，也有2.5公尺這麼長。

最令人注目的是回天堂（E-Bell事業部）推出的「島式月台組」，這項產品除了包含屋頂、柱子，掛在屋頂下方的車站招牌、時鐘、擴音器、月台上的長板凳、雜貨店，還有延長組，豐富性完全不下於N軌產品，不過沒有包含車站這項產品，所以自行以照片裡的十分車站（台灣，平溪線）為雛形，再以質感較硬的肯特紙製作車站。利用角材強化四個角落這點，與製作其他建築物一樣，牆面則使用底漆補土封住木頭的細紋，最後再貼上紅磚紋路的貼紙。

point 1

車站內部也可安裝架線柱

別忘了加裝架線柱

只要不是未電氣化的區間，經過市鎮的鐵路就一定會有架線柱，所以絕不能忘記加裝。只是車站最引人注目的就是月台的屋頂與車站本身，所以常會在完成這類設施之後才發現，沒有為架線柱預留空間，不得不拆掉重新組裝一次。為了避免這類情況發生，建議大家在規劃屋頂或車站本身時，替架線柱預留位置。

point 2

在月台加裝燈光

在車站內部點燈

圖中的車站候車室前面有等列車的人，遠景也有面向近景的人，組成一幅充滿生活況味的風景，但「燈光」能進一步烘托這種風景。不需耗費太多力氣就能打造的燈光可讓月台更具戲劇性，所以非常建議大家在車站內加裝燈光。

point 3

稍微改造N軌的既成品

N軌的既成品有非常高的完成度，幾乎沒有其他可資著墨的餘地，要想改造就只能加裝一些小零件了吧……？先等一下，這樣未免太過花俏，建議大家先拆解這些產品，仔細觀察之後，再視情況塗裝。

point 4

可積極使用貼紙

N軌的產品也有很多種貼紙，但不能隨便亂貼，必須事先規劃造景的整體性，再決定要貼貼紙的位置。此外，若要在後續加裝的小零件貼貼紙，可在零件還接在澆道上面，還沒剪下來的時候先貼，這樣比較方便。

秘訣No.41　建築物篇⑪　調車場

線路與車站都配置完成後，接著就是調車場擺滿各種列車，營造陣容華麗的氣氛！

②這裡有特殊車輛
也有退役的車輛！
①車庫也是
工廠！

調車場也要多點講究！這是車庫設備齊全的鐵路模型場景

準備進入主線或準備從主線出發的列車，都會先回送到被稱為調車場的留置線。

調車場是鐵路的停車場之一，通常是讓貨車重新編組的地點。進入調車場的貨車通常會在經過多個鐵路交換點之後，依照目的地進入不同的分類車區，但現代的調車場也會當成列車的留置線或車庫使用。

列車的車庫不只是提供列車停靠，還會利用自動洗淨機清洗車體，也會由維修人員進行全面檢查以及進行重點檢查、修繕與塗裝或內裝的更新。

組裝式鐵路模型場景的調車場很容易草草了事，但其實真正的車庫通常具備上述這些功能，所以若只有一堆鐵路，這種調車場恐怕無法與壯觀的主站體或山川相比擬。

會來現場欣賞鐵路模型場景的來賓不只覺得奔馳中的列車很有趣，也很喜歡欣賞調車場裡的列車，所以若能另外設置有屋頂的檢車區或列車清洗機，應該會讓人覺得很時髦吧！

point 1

車輛基地的玄關

車庫最裡面的樣子

基地內部到底長什麼樣子？

讓我們先有「車庫是列車的停車場，也是工廠」這層認識，所以車庫內部常掛著綠十字標誌與「安全第一」的牌子。另外也要先了解車庫的終點構造。這裡的架線柱會由另一側的電線拉起來，也設置了堅實的定位塊。

point 2

車庫裡有各種列車

基地有特殊列車

車庫的列車不可能全由駕駛操控，所以在進行檢查、修繕或塗裝時，通常會先將一串列車拆成多個車廂，再利用專門的牽引機將車廂拉到定位。此外，車庫也有保養軌道的磨軌車。可以試著在自己的鐵路模型場景配置一些特殊的列車喔。

point 3

京成宗吾車庫裡有「青電」

還有很多其他構造

除了特殊列車之外，也可以隨處放置一些轉向架或集電弓。如果是民營鐵路的話，可配置該公司的建築物；若是日本JR線，則會在鄰近的路線保存一些曾經活躍，但目前退役的列車。照片裡的是京成電鐵，青電204、赤電3004、初代SkyLiner 61都於這裡保存。

祕訣No.42　建築物篇⑫　路　上

讓鐵路模型場景更豐富的裝飾重點
使用精緻的道路裝飾！

①加一點小型建築物！
②街上有各式各樣的小型建築物！

郵筒、公車站都是路上的重點造景

辦公大樓、商業設施、住宅當然是極具代表性
的建築物，但照片裡的郵筒、公車站以及其他
小型的建築物，則是豐富鐵路模型場景的重點裝
飾。KATO推出的「Town Accessory Set」除了有
上述這些裝飾品，還有自動販賣機、雜貨店、旗
子、廣告旗幟，也有各種各樣的貼紙。

如果想更講究一點，可模仿照片裡的公車站，
在道路這邊安裝護欄。從這張照片或許看不出
來，但這裡其實是以「東京都的樹」的銀杏為雛
型。要做到這麼精細的地步固然不容易，但這個
公車站是都營巴士的，所以若能做到被人一眼認
出是哪裡的公車站，一定會被大力稱讚。

要注意的是，市售的「小型建築物模型」通常
都是整組的，會有許多不需要的部分，要自己製
作這些小型建築物也很費工，所以要想讓鐵路模
型場景變得更精彩，不是自己花時間做，就要先
有購買市售品會多出許多額外配件的覺悟。有時
候可以問問熟悉模型的朋友，請別人把多餘的配
件、貼紙讓給你，然後自己加工一下。也可以使
用立體複印（後述）的手法製作。

point 1

路上到處都有的天橋

有天橋嗎？

雖然不是每個人都喜歡天橋，不過大馬路的確需要天橋。照片裡的是非常普通的天橋，但如果要配置的是橋上站，通常會利用天橋與鄰近的百貨公司或購物中心串聯。可惜的是，目前沒有天橋的市售品，但天橋的確是值得我們花點心思製作的裝飾。

point 2

投幣式停車站的形狀可說是千變萬化

必須配置停車場

在路邊或是巷子常可看到這種投幣式停車場。市面上當然也有停車場配件，但其實這種投幣式停車場會因為規模大小或占地面積而有不同的形狀，所以要在鐵路模型場景配置這種停車場的話，最好自己動手製作。由於不管是路邊還是住宅區，到處都能看到得這類停車場，有機會的話，請大家務必參考看看。

point 3

（照片提供：林業鐵路）

絕招！摩天輪！

若想吸引目光，「摩天輪」絕對是能擔此重任的裝飾。摩天輪出現在遊樂園算是稀鬆平常的事，但摩天輪與其他遊樂設施的不同之處在於出現在街上也不會太突兀。德國的FALLER公司推出了HO軌與N軌這兩種版本的摩天輪產品。

專欄6

創意的寶庫——One Point

到目前為止，介紹了鐵路模型場景製作祕訣的「前提」，

高槻N軌俱樂部鐵路模型場景的公園

也將這些祕訣分成「地面、線路」、「山、樹木」、「水面」、「建築物」這些分類，而接下來要將其他難以納入這些分類的創意或手法分類成「One Point」再進一步介紹。

這些創意或手法本來就很難「分類」，所以每一頁的內容可能不會很有條理，但也有像立體複印篇這類具有連貫性的內容。

話說回來，每位模型師應該都有一、兩個「小創意」吧，所以這類「小創意」可說是有無限多種，能在此介紹的也只是冰山一角。

許多模型師每天都在構思與實踐各種創意與手法，這種「小創意」的世界可是每天都有日新月異的進步。

若想得到靈感，不妨去參觀模型俱樂部舉辦的公開運行會，若是因此得到一些靈感，建議大家試著實踐看看，讓這些靈感成為新的祕訣。

One Point 篇

祕訣No.43　OnePoint篇❶　行人與車子

「行人」可視為建築物的一部分 視情況配置可營造不錯的效果！

澀谷忠犬八公像前面的全向十字路口都是人、人、人……

只要不是天未明將明的深夜，路上就會有行人與車子經過，但在鐵路模型場景的世界裡，行人與車子算是很麻煩的造景。

鐵路的列車、山巒、河川都是理所當然的模型，但是大部分的人對於「人的模型」又有什麼看法呢？如果把每個人都當成模型，那麼人行、車站月台、列車之中當然都有人。之前曾在大樓加裝樓板與電燈，但如果因為是辦公大樓而加裝了桌子與椅子，恐怕是過度裝飾，而且在辦公大樓配置人類模型，卻沒有配置桌子或椅子，就又顯得有點矛盾。

這種矛盾與衝突感沒有正確的解決方法，這與「誰都看得到舞台上的黑衣人，但都假裝看不到」一樣，只要找出「每個人都有共識與認同」的方法即可。換言之，就是把「人類視為建築物的一部分」。店家、大樓裡的人是建築物的細節，列車裡的人也是列車的細節，只要視情況決定配置人類模型即可。要注意的是，人行道或車站月台是或多或少該配置部分人類模型的空間。

point 1

車子也有很多種類

汽車也有很多種類，停放方式也各有不同

既然每個人的表情與服裝都不同，車子當然也有很多款式。讓我們試著改造車子，替車子改變顏色、改裝成公司的商用車或是添加其他變化吧。要改造成商用車的話，可試著在該公司的停車場配置多台同款式、相同顏色的車子。而在汽車車頂加裝小燈箱，就能打造成我們熟知的計程車了。

point 2

腳踏車與摩托車

全是腳踏車的停車場

雖然一般的街道，尤其是辦公大樓區看不太到腳踏車，但車站前面的腹地卻很常看到，尤其是郊區車站附近的高架橋下方，一定會有大型的腳踏車停車場。有這麼多嗎？有這種疑問的人不妨購買市售品。TOMIX 推出了未塗裝腳踏車 64 台組這種商品，大家花點時間，在這類腳踏車表面畫上不同的圖案吧。

point 3

施工工地也是一種有趣的變化

施工現場、特殊車輛都是重點裝飾

大家要不要試著在鐵路模型場景加入神來一筆的施工工地呢？可試著在工地配置工人，旋臂吊車與推土機，增加畫面的張力。發揮創意，替這類工地添加一些有趣的變化吧！可以擺放管制單向通行或是禁止通行的告示牌，也可以配置施工中的號誌。

秘訣No.44　OnePoint篇❷　鐵路的同伴

讓「鐵路的同伴」登場 為完成的鐵路模型場景增添華麗感

書寫山的索道纜車

御岳山的纜車

千葉市的懸吊式單軌列車

YUKARIGAOKA的新型交通系統

一提到鐵路，大部分的人就會想到是有車輪的鐵箱在兩條鐵軌上奔馳的畫面吧。

但從鐵路的定義來看，除了索道（纜車或流籠），其他也都算是鐵路，沒有列車行駛的纜車（Cable Car）、軌道不是金屬的單軌列車、沒有軌道的新型交通系統、在路上行駛的電車都算是鐵路。

不過未依鐵路事業法、軌道法鋪設的遊樂園遊覽鐵路、斜道升降機或是用來採收水果的山林單軌列車都不能算是鐵路。

因此在上方的照片之中，除了纜車之外，全部都可算是鐵路。

只是我們不用那麼計較，在規劃鐵路模型場景的時候，不妨順便配置這些鐵路的同伴。

尤其是單軌列車或新型交通系統的路線常與一般的鐵路銜接（尤其住宅區），所以配置在鐵路模型場景的主線車站旁邊是再自然不過的事了。

point 1

纜車模型

除了動力之外，全部自製！北野隆雄的纜車

照片裡的是自BRAWA公司（外國公司）的纜車模型改造之後組裝的纜車。如果不改裝，明顯就是「歐洲」的列車，放在日式的鐵路模型場景裡，恐怕會有點突兀，所以才自行製作列車與車站。若真要打造供纜車行駛的山，會需要很大一片空間，所以做得陽春一點就好。

point 2

路面電車

於大阪街道穿梭的阪堺電車

路面電車也是絕不能不配置的裝飾。只有路面電車的鐵路模型場景其實很多，多到可以寫成一本書。在路上行駛的「叮叮車」是很有趣的裝飾，市面上也有不少「路面軌道組」的產品，這也是鐵路模型場景還有足夠的空間，就絕對該配置的造景。

point 3

纜車

纜車是「索道」，不是鐵路。BRAWA公司雖然推出了與纜車（Cable Car）相似的索道纜車，只是至今未能一見。雖然要在鐵路模型場景配置纜車有點麻煩，不過往返的纜車可是很吸睛的，建議大家在閒暇之餘（？）一步步打造這個造景。

point 4

單軌列車

差不多在40年之前，市面上曾有羽田單軌列車的塑膠模型，但現在已經沒有了，所以只能自己製作，只是單軌列車的構造有點複雜，讓人遲遲不敢開始。千葉單軌列車也是在建設完成的街道上興建，所以我們可以等到鐵路模型場景完成後，行有餘力再配置單軌列車。

祕訣No.45　OnePoint篇❸　草　木

利用價格合理的「草叢組」在都會打造精緻小巧的大自然！

小型花圃的實物

常見於路邊的草叢

花圃素材

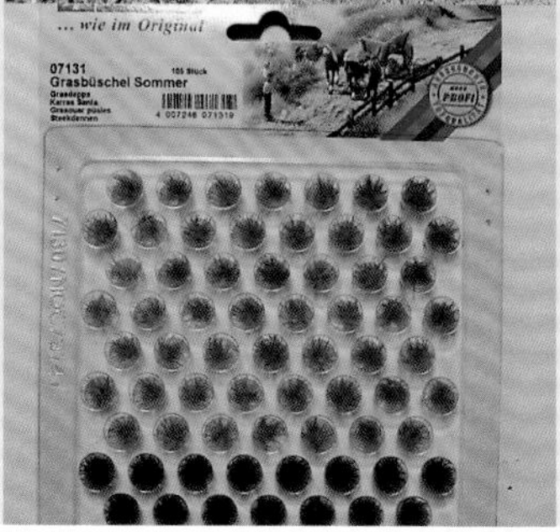

草叢素材

前面已經介紹過打造地面與樹木的祕訣，但是能讓鐵路模型場景更顯真實的草木素材實在多不勝數，礙於版面，在此僅介紹幾種「稍微花點心思就能創造效果」的範例。

上方照片是草叢與花圃的範例。前者常見於後山、石子路的路邊與鄉下車站的某個角落，但其實很容易被人視而不見，都會區的鐵路旁邊或拆除建築物之後的空地，都很常見到這類草叢。NOCH公司的「Grass Bush」是有100多個小草叢素材的產品，可幫助我們快速打造草叢造景。照片之中的季節是夏季，所以設定使用綠色，但其實這類草叢造景的顏色與種類非常豐富，也非常值得應用。

後者的「生植牆」則常見於都市的人行道或馬路中央的分隔島。我們很難忽視行道樹的存在，卻常常忽略生植牆，可喜的是，河合商會的情景系列有生植牆與油菜花這類配件可以購買。利用塑膠板、紙張打造「圍籬」，再將上述素材剪成適當長度放入圍籬之中，就是非常吸睛的造景了。

point 1

有點費工 但值得一試

有各種用途的草皮

NOCH公司的「Grass Bush」有不同的大小與形狀，但如果想拆開來用，方法可能不會太簡單。將草皮這類素材綑起來，再利用木工白膠固定，就能黏在地面。這類素材也能用於打造水田造景，但必須等到水素材完全凝固再黏，否則就會產生毛細現象，水素材會慢慢滲到整束素材的上面。

point 2

利用「人」營造效果

配置「人」能營造真實的效果

人的素材不用太過精緻，只需要視情況配置，就能打造出極具真實感的風景。照片是雜草叢生的田地，光是在裡面配置一些戴著草帽的人，就能呈現「這些人正忙於農活」的氣氛，讓人不禁想對他們喊聲「辛苦了」。

point 3

表面素材也有很多種

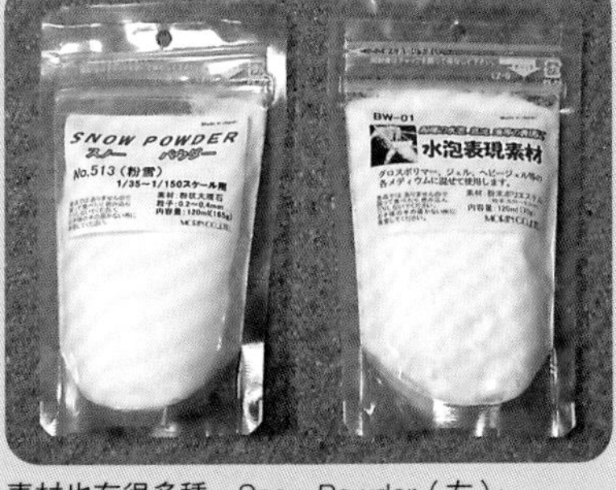

素材也有很多種。Snow Powder（左）、水泡素材（右）

雪景是令人印象震撼的風景，但就算是一片白茫茫，也不能把底板全部塗成白色。照片左側的是積極開發各類鐵路模型場景配件的MORIN公司推出的「Snow Powder」，材料為大理石的粉末。照片右邊的是很像雪景，但完全與雪景無關的水泡素材，材料則是聚酯樹脂的粉末。

秘訣No.46　OnePoint篇❹　草與花

使用種類豐富
方便好用的塑膠花草吧！

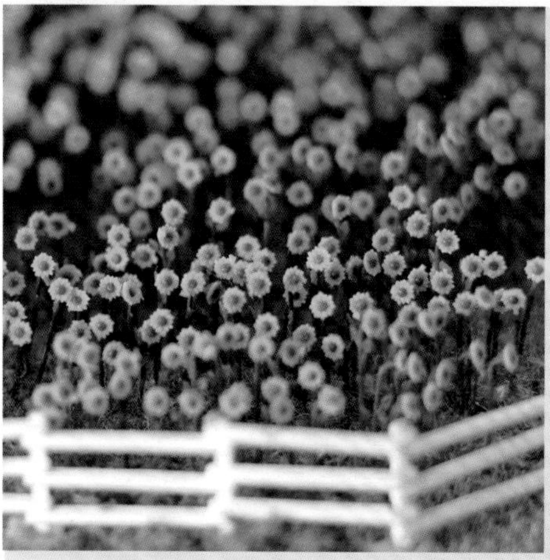
塑膠成形的花草套件

「祕訣45」已介紹了不少花草的素材，但從實用性與種類的豐富度來看，德國BUSCH公司的花草系列絕對是首選。照片裡的花是向日葵與鬱金香，這個系列還有玫瑰與大理花，甚至連蔬菜都有。範例介紹的是「夏季的花草」。這個套件有10種顏色、12片花瓣配件，以及2種顏色、12根的莖部配件，這兩個配件各有5組，共可做出12朵花。

製作方法很簡單，先在莖部配件的末端塗上一點花瓣的顏色（可以是黃色或橘色），接著再套上花瓣套件就完成了。也有底座配件，可以插12朵花，但也可以直接將花朵黏在鐵路模型場景的路邊。這個套件的種類非常豐富，價格也只要1000～1200日圓，常讓人一買就買一堆。

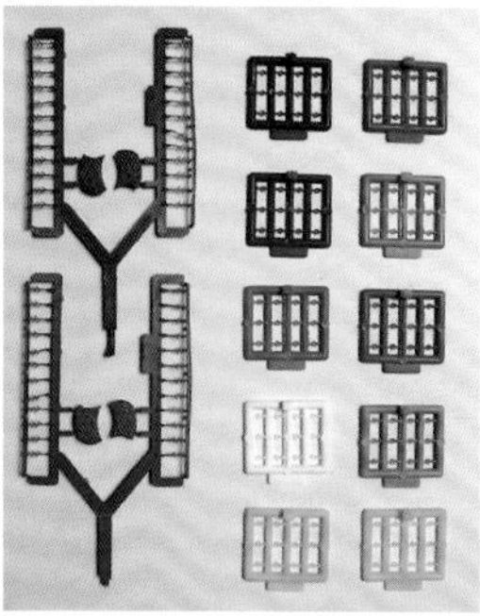

point 1

注意大小

要注意人與花的相對位置

這類素材的花瓣直徑接近2公釐，原本是用於HO軌的鐵路模型場景，但換算成真實大小後，居然有15公分這麼大，所以若將這種花瓣種在N軌的鐵路模型場景，就會放大成30公分，差不多跟人類的臉一樣大。如果跟人擺在一起，就會變成「巨大的花朵」，所以記得在配置時，要讓花離人遠一點。

point 2

利用各種素材營造臨場感

加入雜草更自然

這種素材雖然惹人憐愛，但終究是塑膠製品，花朵的形狀與莖部的長度難免一致，也很難擺脫「過於工整」的質感，所以在使用時，建議大家稍微修剪一下莖部的長度以及花朵的生長方向，再搭配祕訣45介紹的Grass Bush配件或草皮配件。就算花朵一樣，只要周圍的雜草長得不一樣，還是能營造出凌亂卻接近真實的自然感。

point 3

與塑膠素材形成對立的「實物素材」

也有天然素材的市售品。在此介紹的是「Echo Model」公司推出的「Super Diorama grass」與「Super Diorama Moss Mat」，這兩種都是「真正的植物」。Echo Model公司本來就是HO軌鐵路模型場景素材的製造大廠，也推出了許多商品，就算住得比較遠，也值得去一趟該公司看看。

祕訣No.47　OnePoint篇⑤　水　流

利用小型幫浦製作與流水有關的造景！

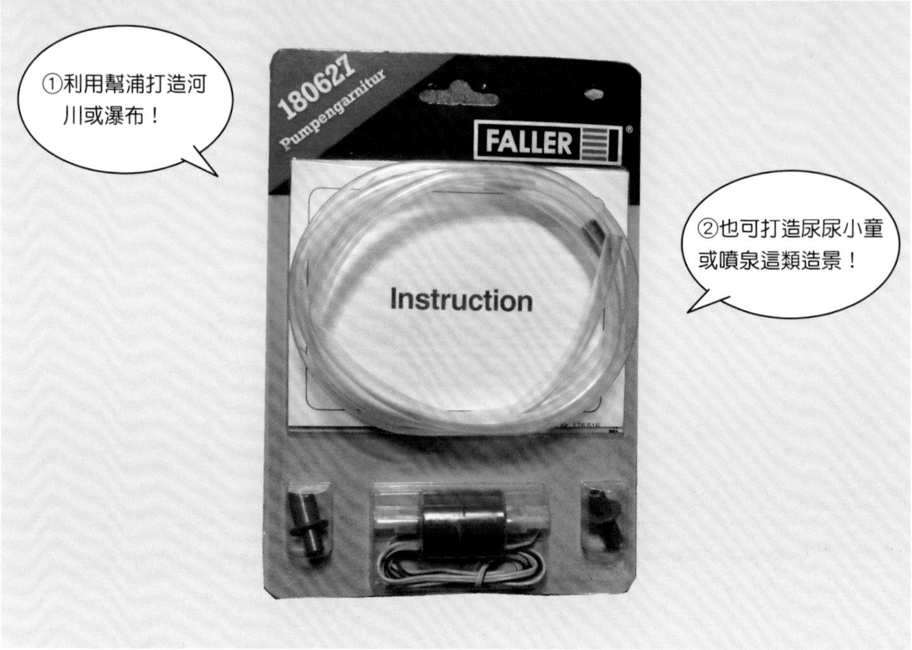
①利用幫浦打造河川或瀑布！
180627
Pumpengarnitur
FALLER
Instruction
②也可打造尿尿小童或噴泉這類造景！

這是在店面銷售的幫浦。光是看到這個，靈感就不斷湧現！

某天在Hobby Center KATO的店裡閒逛時，發現了很有趣的東西，那就是進口的幫浦（德國、FALLER公司），當時只是因為覺得很有趣就買了。這個幫浦的構造非常簡單，就是圓筒型的外殼裡面有纏繞著漆包線的電磁鐵，中心則有磁鐵芯，然後還有「單向的泵閥」。在這個幫浦接上12V的交流電之後，N極與S極會一秒鐘互換位置50次至60次，而中心的磁鐵則會與單向的泵閥形成活塞運動，這就是幫浦，也是讓水往固定方向流動的構造。這個幫浦可用來製作與流水有關的場景，例如可用來製作河川，也能安裝在有高低落差的位置，打造常見的瀑布，**從瀑布底部將水抽到上游，就是讓水不斷循環的構造**。應該還有許多有趣的用途，不過我當時想到的是「魚尾獅」這個造景，進而想到其他的靈感。不過就像是前面「打造水面」的專欄提到，波浪與水滴無法縮小，所以流水的造景本身有一定的限制。

順帶一提，這個幫浦比想像中耐用，連續運轉一個小時也不會發熱。

point 1

打造流動的河川與瀑布

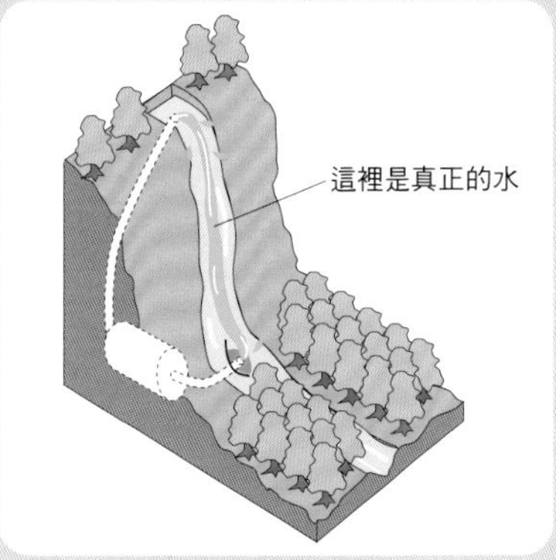

河川與瀑布的基本構造

要設計實際有水流動的河川時，必須注意抽水口與出水口的安排，尤其別讓「河川突然消失」，所以很難在鐵路模型場景配置有一定寬度的中游或其他類似規模的河流。規模較小的溪流或河川之所以比較方便配置，在於能另外製作瀑布，再將抽水口配置在瀑布底部，河川本身則可將原本的盡頭（鐵路模型場景上的盡頭）當成終點。

point 2

配置尿尿小童好像也不錯？

在公園池塘旁邊配置一座尿尿小童

比起會流動的河川，尿尿小童應該是相對容易配置的造景。在鐵路模型場景配置公園，再於公園打造一個小池子，接著在池畔配置尿尿小童這個出水口，再讓水緩緩流出就完成了。要注意的是，在HO軌的鐵路模型場景配置不會有問題，但在N軌的鐵路模型場景配置，水量就顯得太多，所以有必要另設出水口。

point 3

也可以打造噴泉！

既然介紹了瀑布（往下流）與尿尿小童（往側邊噴水），接著當然就是介紹讓水往上噴的「噴泉」。不過前述也提過，水滴是無法縮小的，所以無法像真正的噴泉，噴出如「霧狀」的泉水，最多只能做出公園或車站的飲水機那種效果。

point 4

替水上色

現實世界的水只要夠深，水面就會有顏色，但在模型的世界裡，連水深達1公分都很困難，所以通常會在湖泊或河底上色，讓水面有顏色。如果要倒入真正的水，也要記得替水上色。此時與河底的顏色會稍微互相干擾，因此能看出水正在流動的模樣。

祕訣No.48 | OnePoint篇❻ | 電力

在預期之外的地方找到素材 充實電力相關的裝置

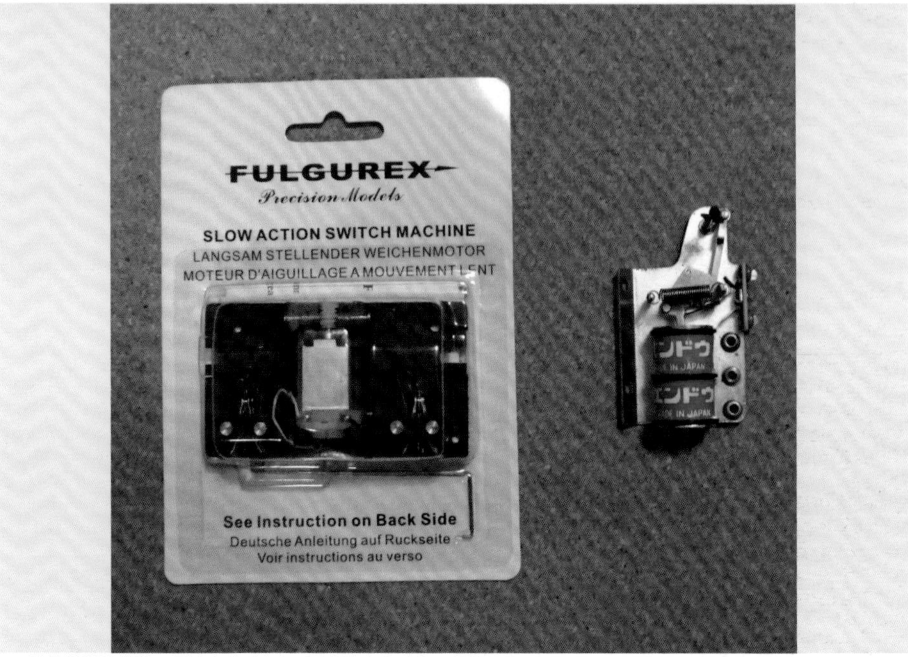

HO的轉轍器啟動器。馬達方式（左）、電磁鐵方式（右、絕版品）

不管是HO軌還是N軌，版軌的重點在於切換轉轍器的裝備藏在道床之中的「機器道床內藏型」，因此若以版軌打造鐵路模型場景的鐵路，不需要安裝轉轍器啟動器；但如果是以裸軌打造鐵路，就必須加裝切換轉轍器的「轉轍器啟動器」。通常不會讓這個啟動器光禿禿地置於鐵路旁邊，而是安裝在地面的背面，否則也會在上面蓋一間號誌站或其他建築物遮住啟動器。

這種轉轍器啟動器分成兩種類型，一種是以電磁鐵瞬間切換，另一種是利用馬達轉動齒輪，緩緩切換，內建於道床內部的轉轍器啟動器屬於前者。真正的轉轍器啟動器當然沒辦法「瞬間」切換，所以若要進一步講究真實感，馬達式的轉轍器啟動器會是比較好的選擇。不過前面也提過，「組裝式鐵路模型場景比較推薦版軌」，所以也一定會跟著使用機器道床內藏型的轉轍器啟動器，至於瞬間切換這點，就請大家睜一隻眼、閉一隻眼吧。電力相關的素材還有很多，所以不管是去模型店還是其他店家，大家不妨睜大眼睛，看看有沒有什麼寶物可以挖吧。

point 1

可穩定提供電力的變壓器

電源從哪裡來？

驅動內藏型轉轍器啟動器與電燈的電源到底從何而來？雖然Power Pack電源供應器有服務用電源的輸出端子，但容易受到動力電源的影響，交流電也可能不是那麼好用，此時能解決問題的就是照片裡的變壓器，這個變壓器能提供穩定的直流電。

point 2

TOMYTEC的電飾套件可如圖中的方式使用

善用電源套件！

照片裡的是TOMYTEC推出的「電飾套件」，內含電池盒與6個LED、底座與遮光膜。這個套件需要2顆3V的電池才能點亮，所以就電力配置而言，不算是很方便，但是這種將電燈裝在底座上的方法卻很適合於祕訣33介紹的「將LED裝在地板」的情況應用，大家有機會不妨試試看。

point 3

碰巧在伴手禮專賣店買到的LED

找到有趣的素材！

有時候會在某些地方找到「有趣的電子相關配件」，例如照片裡的LED就是在某個碳礦伴手禮專賣店找到的頭燈，可讓內建的5個LED依序發亮或是隨機發亮。若是遇到這類素材可千萬別錯過，否則要用的時候才想起來，可就來不及了。

祕訣No.49　OnePoint篇❼　立體複印

量產品與珍稀品可利用立體複印製作！

①正確稱呼矽膠與樹脂！

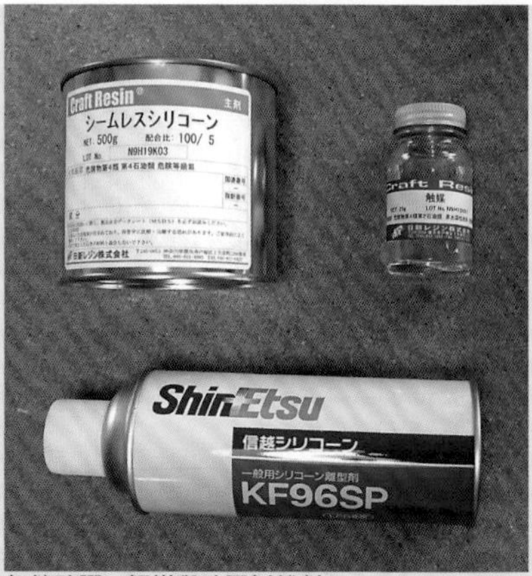

無縫矽膠、觸媒與矽膠剝離劑

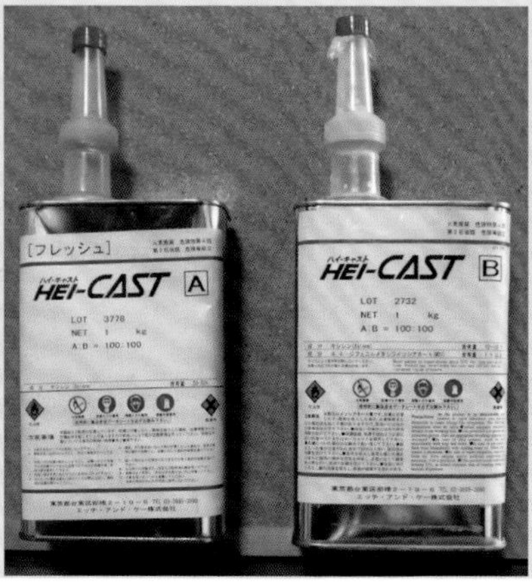

②主劑、硬化劑的保存要特別小心！

樹脂的主劑（A）與硬化劑（B）

雖然鐵路模型場景很少會用到多個形狀相同的配件，但有時候會希望手邊有好幾個放在自動販賣機或超商前面的垃圾筒對吧？這時候就能使用「立體複印」。這種方法雖然沒辦法製作太複雜的配件，但其實連人類模型都能做得出來。

其實比起鐵路模型場景，製作列車更常用到這種立體複印的製作方法。最常利用這種方式製作的道具有冷氣機，其次則是列車地板下方的裝置，如果是市面上沒有的道具，也可利用這種方式自製，而且能做得很精緻。精緻的市售品很貴，買的時候通常只買需要的數量。**要製作這類立體複印的道具，可先利用「矽膠製作模型，再利用樹脂定型」**。矽膠與樹脂的種類有很多，各種模型雜誌也都介紹了如何以這兩種材料製作模型，所以本書要將重點放在更實用的製作祕訣，而不打算只是空談。上方照片的是較具代表性的材料，左側為日新resin公司的無縫矽膠、觸媒與剝離劑，右側為樹脂的主劑與硬化劑（正確來說，是平泉洋行的有機溶劑系列的氨基鉀酸酯灌注劑HEI CAST，但一般都統稱為樹脂）。

point 1

混合矽膠時，記得用磅秤計量

混合矽膠時的注意事項

矽劑與硬化劑的混合比例必須隨著不同的產品調整，有的會是「重量比100:5」，有的甚至不能超過1、2滴的誤差，硬化劑太少會導致樹脂無法凝固，太多則會在一個小時之內就凝固，導致氣泡來不及排出，硬化後的樹脂也會在某個地方腫一塊。

point 2

樹脂的分量也要精準秤量

混合樹脂時的注意事項

大部分的樹脂在混合時，主劑與硬化劑的比例通常是重量比1：1，但其實不需要像矽膠那麼精準，目測決定分量即可，但愈精準當然是愈好。此外，主劑與硬化劑攪拌完成後，大概幾分鐘之後就會凝固，所以在倒入模型後，記得以牙籤戳破在細縫或細孔出現的「氣泡」。

point 3

保存主劑的注意事項

樹脂的主劑很容易吸收空氣中的水分，一旦吸太多水氣，攪拌時就會發熱，也會因此產生很多氣泡（因為水分會蒸發），樹脂的表面會變得坑坑疤疤，這時候就算用銼刀修補，表面還是會有一堆氣泡，當然也無法使用。所以為了避免主劑吸收水分，建議一用完就立刻鎖緊蓋子，也絕對不能放在日光直曬或高溫潮溼的位置存放。

point 4

保存硬化劑的注意事項

就算不與主劑混合，硬化劑只要一接觸到空氣就會凝固，所以要特別注意蓋子的狀態，假設有硬化劑殘留在蓋子，之後就有可能會轉不開，所以用完要記得把蓋子擦乾淨。將蓋子換成塑膠蓋子是不錯的選擇。由於容器裡面也還是有空氣，所以不會在短時間內凝固的硬化劑會慢慢變質。建議大家一次不要買太多，也要盡可能快點用完。

秘訣No.50 OnePoint篇⑧ 立體複印

冷氣機、座位這類配件可利用立體複印方式製作！

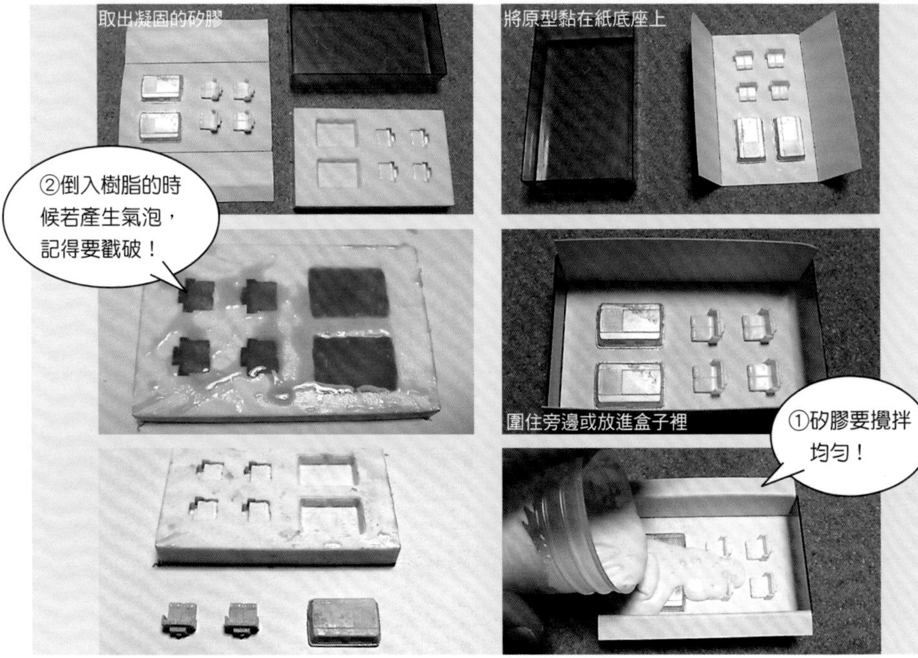
取出凝固的矽膠
將原型黏在紙底座上
②倒入樹脂的時候若產生氣泡，記得要戳破！
圍住旁邊或放進盒子裡
①矽膠要攪拌均勻！

緩緩倒入矽膠

單面模型就是複印目標物有部分（比較大塊的面積）是平坦的形狀，矽膠模型只有一種，成品（複印物）也是「一整塊」的配件。照片的原型是常見的冷氣機與座位。將原型的底部黏在紙底座上，接著圍住周圍。如果覺得製作圍牆很麻煩，可使用手邊就有的盒子代替。如果要複印的物品比較小，可利用N軌的轉向架代替。照片裡的是名片盒。若使用盒子代替，可將紙底座折成「ㄈ」型，這樣在矽膠凝固之後，會比較容易脫模。

注入矽膠後，一開始會先浮現氣泡，接著要等上半天～一天才會完全凝固。完全凝固後，拆掉圍牆，再拿掉原型。假設使用的是盒子，記得緩緩地拉開ㄈ型的兩側，再將原型拿出來。將樹脂注入剛剛製作的矽膠模型，有些樹脂的中心部分會在幾分鐘之內開始變色，差不多10分鐘就會完全凝固。這時候請不要立刻把樹脂拿出來，再多等10分鐘，以防沒有完全凝固，而且凝固的時候會產生高溫，若急著拿出來可能會燙傷。

point 1

均匀攪拌矽膠與硬化劑

矽膠要充分攪拌

雖然不同的矽膠有不同的混合比例，但通常為重量比100：5，為了讓這5％能充分拌勻，必須使用攪拌棒這類道具（例如衛生筷）不斷攪拌，否則就會出現未能完全硬化的部分。攪拌時會產生一些氣泡，但不用太在意，因為會慢慢地浮出來。

point 2

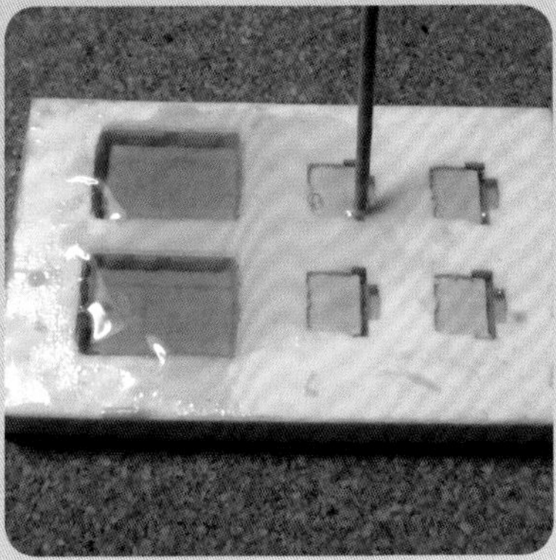
倒入樹脂後，戳破氣泡

每次的製作量別抓太多！

一次做很多個矽膠模型，再依序注入攪拌完成的樹脂固然可大量生產出我們需要的道具，但「戳破氣泡」是場與時間比快的賽跑，因為樹脂在短短幾分鐘之內就會硬化，所以一次只做幾個，為自己多留點時間會比較從容。此外，在將樹脂注入矽膠模型的時候，盡可能讓樹脂形成表面張力，但也要避免樹脂溢出來。

point 3

盡量別讓樹脂曝露在空氣之中

攪拌樹脂的主劑與硬化劑的時候，要先把這兩劑分別倒入聚酯纖維製作的杯子。硬化劑的瓶蓋只在要倒的時候打開，倒完請立刻蓋起來，否則新的空氣一滲進去，硬化劑就會開始變質。主劑倒完也要立刻蓋起來，因為主劑很容易吸收水分。此外，倒完之後，記得將瓶口周圍擦乾淨。

point 4

原型與紙底座要貼合

矽膠是流動性極高的材質，若原型與紙底座之間有縫隙，矽膠就有可能會流得到處都是，之後就很難拆掉原型。建議先以橡膠黏著劑將原型與紙底座黏緊，才不會發生上述的問題，之後也比較容易拆下原型。若矽膠模型有縫隙，可用木工白膠或遮蓋液填補。

利用多邊型立體複印製作汽車、人類、動物

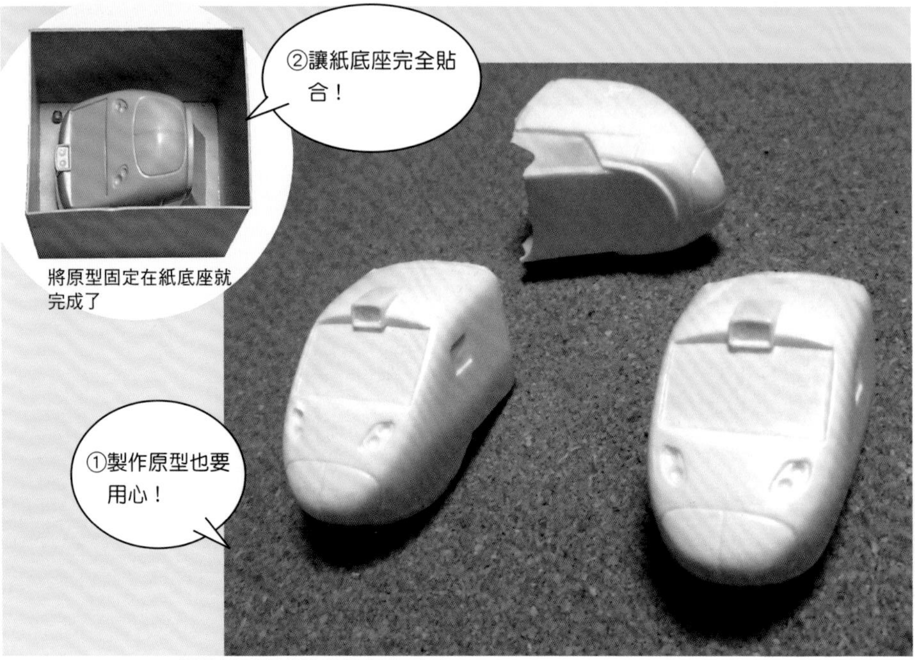

②讓紙底座完全貼合！
將原型固定在紙底座就完成了
①製作原型也要用心！

這是利用樹脂製作的流線型列車車頭

假設矽膠模型只有一種，成品也是整塊的單面型算是基礎篇的話，那矽膠模型超過兩種則算是進階篇。複印的對象通常是汽車、人類或動物，但這次為了方便了解製作過程，要介紹「流線型列車的車頭」。第一步先將原型的底邊黏在紙底座，此時要將原型要挖洞的部分封死。接著製作圍牆，再倒入矽膠。到目前為止，製作方法與單面模型的時候一樣。矽膠凝固之後，拆掉圍牆與紙底座，不用拆掉原型，這部分就是所謂的凹模模型。

接著在原型安裝柱子，至少要安裝三根，然後再製作圍牆，噴一層剝離劑。若忘記噴，待會製作的凸模模型就會黏在凹模模型上，同時也要注意凹模模型與圍牆有沒有縫隙，一旦矽膠流入這類縫隙，之後就很難拆下凹模模型。若有縫隙，記得利用木工白膠堵住。接著是倒入矽膠，要注意的是，別讓剛剛安裝的柱子被矽膠淹沒。矽膠凝固之後，拆掉圍牆，再拔出後來製作的矽膠模型（凸模模型），接著從凹模模型取出原型。如此一來，凸模與凹模的矽膠模型就完成了。

point 1

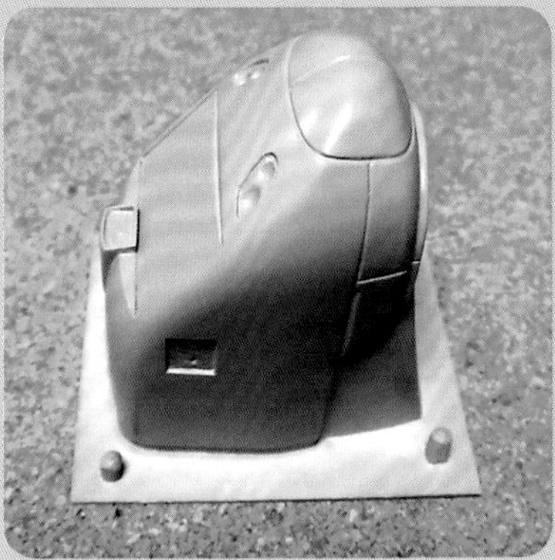

要花點心思封死原型的開口

原型也要花點心思製作！

在封死原型要挖洞的部分時，可使用稍有厚度的塑膠板或一張薄紙。前者可在製作凸模模型的時候使用，避免樹脂凝固時模型不小心變形，後者可在製作凸模模型時拆掉。範例裡的前擋玻璃就是利用前者製作，側面的駕駛座窗戶則是以後者製作。

point 2

若要對準位置就要安裝定位柱

在紙底座安裝定位柱！

記得在紙底座安裝多個定位柱。製作多邊型立體影像複製品的時候，一定會需要凹模與凸模的矽膠模型，而要利用樹脂製作立體複印品，凹模與凸模的模型必須能完全吻合，所以在這個階段就安裝定位柱，準凹模與凸模模型才能精準接合。

point 3

預留排出多餘空氣與樹脂的空間

在原型安裝柱子！

製作凸模模型的時候之所以要在原型安裝三根以上的柱子，是為了保留注入樹脂的空間，以及讓空氣有地方排出。空氣排出後，這部分也能用來排出多餘的樹脂，所以安裝柱子時，千萬要選在空氣容易排出的位置。

祕訣No.52　OnePoint篇⑩　立體複印

了解矽膠與樹脂的特徵
製作質感真實的立體複印品

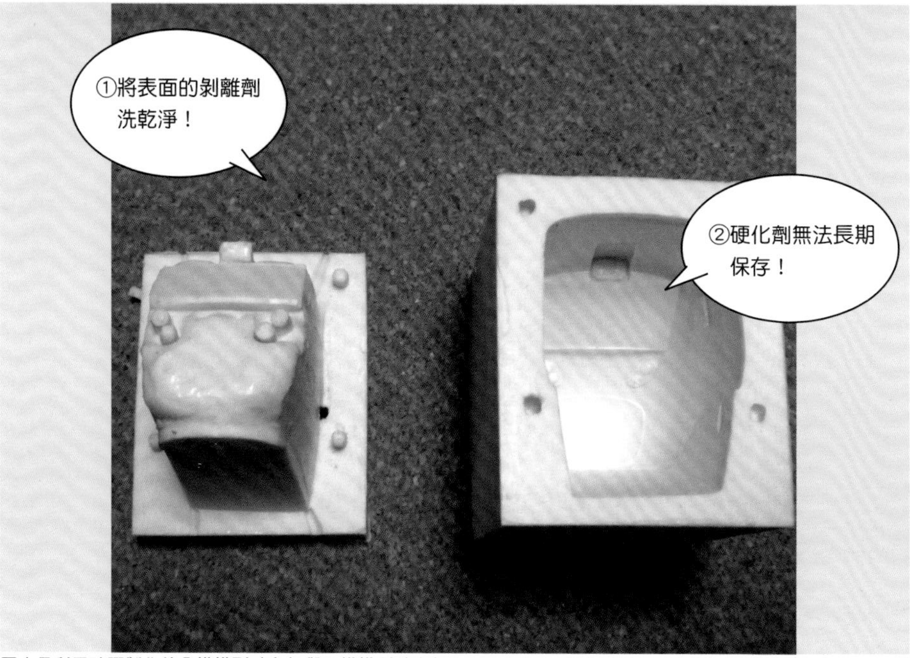
①將表面的剝離劑
洗乾淨！
②硬化劑無法長期
保存！

圖中是利用矽膠製作的凸模模型（左）與凹模模型（右）

總算要開始所謂的「立體複印」了，如果使用的是「材質柔軟的矽膠製作的模型」，請在攪拌樹脂的主劑與硬化劑之前，先在樹脂凝固後，容易與矽膠模型沾黏的部分塗一層剝離劑。

樹脂拌勻後，可在注入樹脂之前，先利用牙籤在轉角或比較細窄的部分，也就是比較容易出現「氣泡」的部分塗上樹脂。以照片的「車頭」為例，凸模模型的額頭車燈以及位於腰部左右的各兩個突出部分，就是要利用牙籤先塗抹樹脂的部分，凹模模型則是要塗抹額頭車燈的部分。

注入樹脂的時候，不用擔心樹脂溢出模型的問題，但要記得先鋪一張報紙。凹模模型可以多倒一點樹脂，然後再輕緩地合上凸模。要是合上凸模的速度太快，空氣會來不及排出，之後也會產生氣泡。

組合凹模與凸模的模型之後，在樹脂稍微溢出的情況下固定模型。從注入樹脂到組合模型的時間大概是3分鐘，因為在注入樹脂之前，還得花時間檢查樹脂比較不容易流入的位置。

point 1

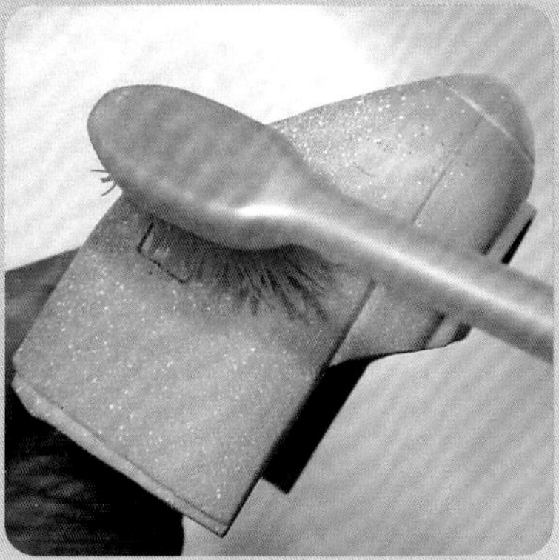
要利用溶劑清洗樹脂成品表面

使用剝離劑時的注意事項

剛剛提過，在倒入樹脂之前，要在特定位置塗抹剝離劑，但這麼一來，「立體複印的成品」表面就會沾到剝離劑。若是不加以處理，之後就很難上塗料，所以要在塗裝之前，先以溶劑清洗表面。

point 2

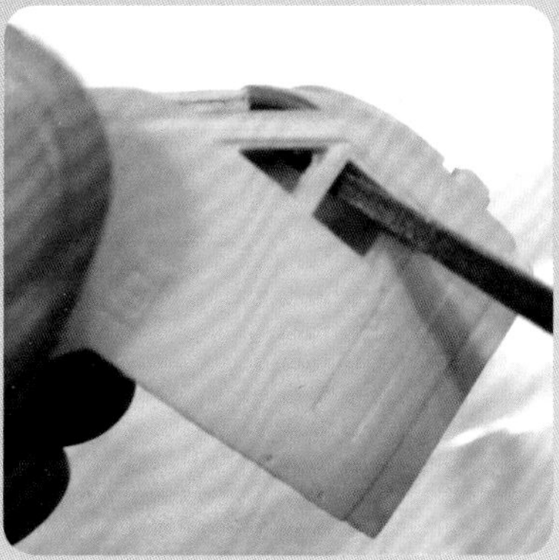
細心地挖開之前封住的部分

加工成品時的注意事項

前一節提過，在製作立體複印的原型時，要利用塑膠板或比較薄的紙封住原型要挖洞的部分，但成品完成後，必須另外替車頭挖出車窗，但這裡有一點要提醒，就是別在完成後立刻加工。雖然樹脂拌勻後，大概一個小時就會完全硬化，但可以的話，還是建議大家等上一天再加工。

point 3

替樹脂材質的成品塗裝

樹脂材質的成品不會被香蕉水溶化與滲透，所以可放心使用各種塗料，但不是每一種塗料都能均勻地塗在表面，所以有些人會在清洗成品表面時，故意利用鋼刷在表面刷出輕微的傷痕，但是這種方法可能不太適用於比較纖細的成品。近年來，市面上出現許多樹脂專用補土的產品，可用來修復樹脂表面的傷痕。

point 4

矽膠模型的使用期限

矽膠模型會慢慢地變硬，所以別抱著下次可能會製作一樣的模型而收在抽屜裡備用。此外，矽膠也沒那麼耐用，尤其硬化劑的有效期限不太長，就算用完立刻蓋蓋子，撐不過一年就會凝固，所以不管是矽膠還是樹脂，都別一次買太多。

不管是田梗、屋頂還是樓梯都可利用隨手可得的厚紙板製作！

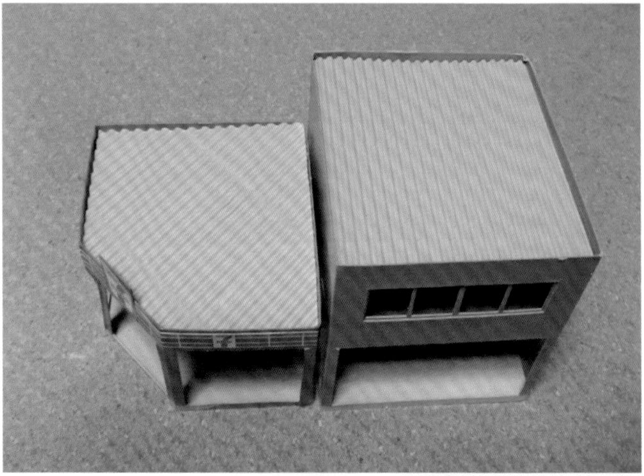

利用厚紙板製作的波浪板屋頂

之前曾經提過，厚紙板是製作「壟畝」的法寶，不過厚紙板還有很多用途，其中最具代表性的就是獨棟住宅或是小店面常見的「波浪板」。只要大小合適，厚紙板甚至不用任何加工就能直接使用。其實也能當成屋瓦使用。HO軌的話，可使用間距4公釐的厚紙板，N軌可以使用間距2公釐的厚紙板。將厚紙板凸起的部分往同一個方向壓扁，接著利用美工刀劃出與波浪成為直角的切痕，接著再壓扁一次，然後塗上顏色，屋瓦就完成了。

將厚紙板凸出的部分往同一個方向壓扁

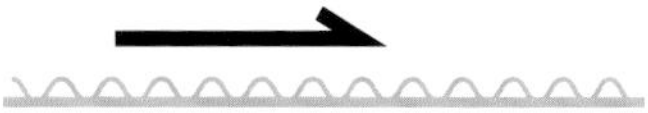

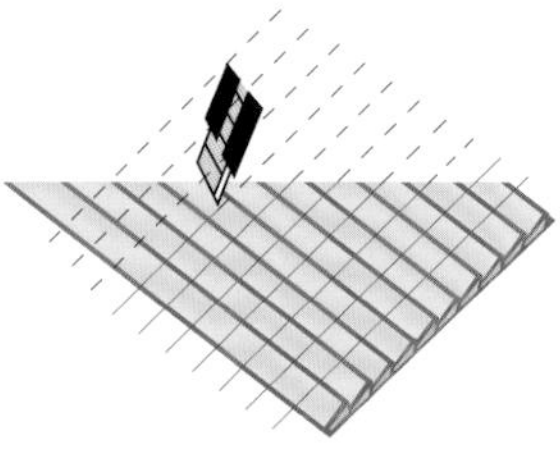

利用厚紙板做出屋瓦

point 1

製作樓梯！

樓梯可說是隨處可見，例如車站、地下道入口有很工整的樓梯，登山步道則有不修邊幅的樓梯，而厚紙板適合用來製作後者。由於素材是「紙」所以很容易加工，若是能順便塗點石膏，更能增加些許凌亂感。

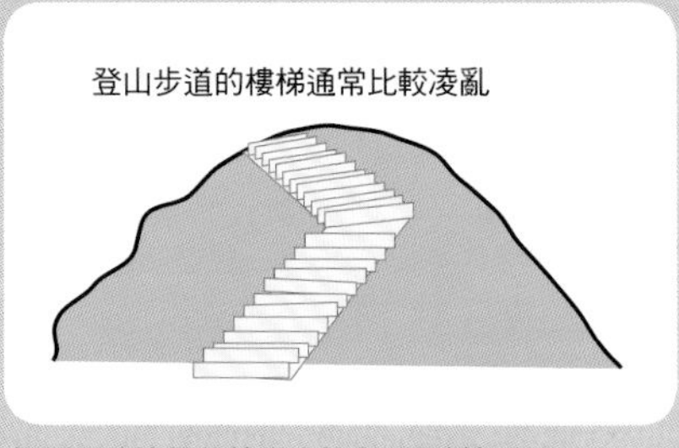

這種不修邊幅的樓梯也能利用厚紙板製作

祕訣No.54　OnePoint篇⑫　其　他

意外好用的「伴手禮」
多留意與建築物有關的伴手禮

福爾摩沙軌道俱樂部的「廟」

照片是台灣隨處可見的「廟宇」模型，雖然造型樸素，但特徵分明。這個建築物是怎麼製成的呢？我問了作者之後，作者告訴我：「這是在機場免稅店買的，只要將板狀的零件組好再上色就完成了。」之後我也在台灣的桃園機場免稅店買了一個。

雖然伴手禮的規模或細節不是那麼講究，但特徵卻很明顯。出差或旅行的時候，若時間許可，建議大家逛逛「伴手禮專賣店」，看看有哪些與建築物相關的伴手禮，或許能在當地挖到意料之外的「寶物」。

point 1

在旅館或餐廳也可以多觀察

造景的靈感可說是俯拾即是，除了伴手禮專賣店之外，大家不妨多逛一些其他的店，如果找到「非買不可」的造景，不妨趕快問問店家哪裡有在賣。

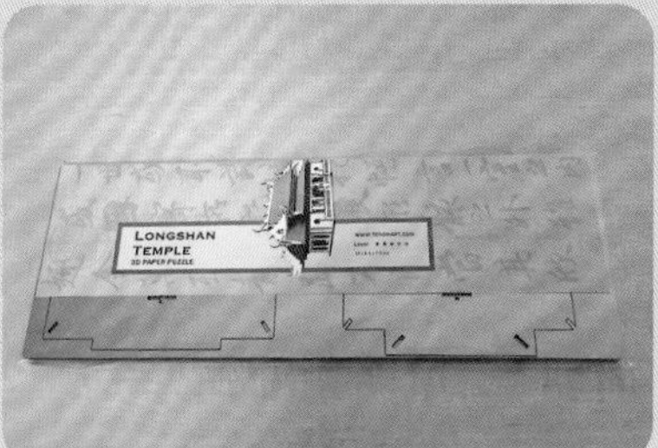

台灣伴手禮的「廟」模型

將工具箱打造成「建築物」順理成章地帶著道具走

鐵路模型場景裡的列車車庫其實是……

鐵路模型場景組合好，運行也預演完畢，差不多該搬到展演的會場了，但不管是鐵路模型場景還是列車，都還是有可能出狀況。因為在搬到會場之前，鐵路模型場景與列車都不斷在車子裡面搖晃，配線有可能因此斷掉，鐵路也有可能因此扭曲，而為了應付這類問題，當然會想把重要的道具放在工具箱裡面帶去會場。如果鐵路模型場景或列車出了狀況，也可以從這個工具箱拿出工具解決。不過，這個工具箱該放在會場哪裡？放在包包裡面？跟列車的盒子一起擺在桌子下面？還是停在停車場的車子裡面？如此收納的話，只有你自己知道放在哪裡，更何況有時連你自己都會忘記收在哪裡。如果展演會的工作人員知道工具箱放在哪裡，也知道工具箱裡面有哪些工具那就好了……有個方法可以完成這個願望，那就是將工具箱打造成鐵路模型場景裡的建築物。照片裡的是北野隆雄的「信越急行鐵路模型場景（HO）」，車站附近的列車車庫就是工具箱。只要一掀開，就會看到工具箱，第一次見到如此巧妙設計的人，一定會大感佩服，但仔細一想就會發現，這種設計其實非常合理。

point 1

要考慮尺寸的問題

這個鐵路模型場景是HO軌的，所以工具箱可理所當然地當成列車車庫或休息室，但換成N軌的話，恐怕就只能當成「倉庫」這類更大型的建築物，因為工具的大小是一樣的。但不是每個鐵路模型場景都需要有倉庫，如果有山這類的造景，不妨在山裡面替工具箱預留空間吧。

鐵路模型照片館

鐵路模型照片館

結語

10年前，在因緣際會之下，有人邀請我寫一本與鐵路模型場景有關的入門書，於是2010年，《自分だけの空間を創る　鉄道模型レイアウトのコツ55》（暫譯：打造專屬自己的空間，鐵路模型場景祕訣55）出版了。雖然10年前，已有許多鐵路模型場景相關的入門書出版，但我當時是本著「要以稍微不同的角度來寫」，沒想到與鐵路模型沒什麼相關性的建築師居然告訴我：「一直以來，我都有參考你寫的那本書啊。」對我來說，實際著手建造房屋的建築師的讚美無疑是種勳章。這次則有人邀請我為這本書改版。距離上次採訪已有十幾年，我擔心這本書的內容會跟不上時代，因此針對部分內容重新採訪。在此感謝編輯安田良子、提供精緻插畫的益田美穗子，以及出版社「Mates Universal Contents」的全體工作人員。

片木　裕一

1956年生，懂事之初就愛上鐵路。因為父母親在5歲生日送的157系列（日光號）塑膠模型而成為「模型鐵路迷」。組裝的模型包含一般鐵路、新幹線與台灣鐵路，特別講究要怎麼用紙組出「流線型」。最近對鐵路模型情景的愛更甚於列車的製作。「喜好固然重要，但也要考慮現實社會的制度」。自1970年代後半開始替許多鐵路模型雜誌撰寫專欄。目前是特定非營利活動法人日本鐵路模型會理事，鐵路之友會阪神分部模型社團前代表。日台鐵路愛好會、日韓鐵路同好會事務局長、櫻丘鐵路模型俱樂部幹事、鐵路之友會東京分部模型部會、武庫川鐵路模型俱樂部、關西鐵路模型俱樂部、名古屋模型鐵路俱樂部的成員。

監　修　　片木 裕一

編　輯　　安田 良子（OFFICE あんぐる）
設計・插畫　　益田 美穂子（open! sesame）

協　力　北野隆雄　桜丘鉄道模型クラブ　高槻 N ゲージクラブ
名古屋模型鉄道クラブ（NMRC）　日台鉄路愛好会　木こり鉄道
J-TRAK　フォルモサレールクラブ

鐵路模型情景

出　　版／楓書坊文化出版社
地　　址／新北市板橋區信義路163巷3號10樓
郵政劃撥／19907596 楓書坊文化出版社
網　　址／www.maplebook.com.tw
電　　話／02-2957-6096
傳　　真／02-2957-6435
翻　　譯／許郁文
責任編輯／王綺
內文排版／洪浩剛
港澳經銷／泛華發行代理有限公司
定　　價／350元
初版日期／2021年 2 月

國家圖書館出版品預行編目資料

鐵路模型情景 / 片木裕一監修 ; 許郁文譯.
-- 初版. -- 新北市 : 楓書坊文化出版社,
2021.02　面 ;　公分

ISBN 978-986-377-654-3（平裝）

1. 鐵路 2. 鐵路車輛 3. 模型

442.52　　109019419